Manfred Rogner

Taschenatlas
Schildkröten

111 Arten
im Porträt

114 Fotos

Ulmer

Vorwort

Wenn Sie Schildkröten anschaffen und pflegen möchten, bietet Ihnen dieses Buch einen Überblick über die faszinierende Vielfalt dieser urtümlichen Tiere. Doch natürlich darf dieser Taschenatlas nicht die einzige Informationsquelle bleiben. Sie erhalten hier ein Bild der Tiere und die grundlegenden Fakten als Anreiz, sich entsprechend weiter zu informieren. Auch ist es wichtig zu wissen, dass gesetzliche Mindestanforderungen an die Haltung von Terrarientieren sowie Arten- und Tierschutzgesetze zu beachten sind. Sachkunde ist also unbedingt nötig, manchmal auch Genehmigungen, um sicherzustellen, dass den Schildkröten möglichst optimale Lebensbedingungen geboten werden.
Viel Spaß beim Blättern und Lesen!

Manfred Rogner,
Hürtgenwald im Herbst 2009

Inhaltsverzeichnis

Einführung

Um sich ein Bild über die Herkunft/ Heimat der jeweiligen Schildkröten machen zu können, werden in den Porträts natürliche **Verbreitungsgebiete** und typische **Lebensräume** angegeben. Das **Aussehen** wird beschrieben und im Wesentlichen auch den Abbildungen zu entnehmen. Kurzinformationen zu Größe der Tiere und Haltungsbedingungen sind anhand von Piktogrammen schnell zu finden.

Beim Punkt **„Pflege und Vermehrung"** erfahren Sie, wie sich die Schildkröten ernähren, ob animalisch oder vegetarisch und in welchem **Sozialverband** man sie erfahrungsgemäß am besten hält. **Einzelhaltung** ist oft sinnvoll, um Männchen nicht ständig mit Weibchen zu konfrontieren. Denn eine nur zeitweise Zusammensetzung führt oft zu gewünschten Paarungen. In bestimmten Fällen ist Einzelhaltung jedoch dringend erforderlich, wenn es sich um recht aggressive Arten handelt.

Schildkröten aus gemäßigten Klimabereichen legen in der Natur eine kühlere Ruhe- oder **Überwinterungsphase** ein. Diese sollte man jenen Arten auch in Menschenobhut ermöglichen, auf die **Temperaturen** und **Dauer** wird hingewiesen.

Weiter wird beschreiben, wie umfangreich gewöhnlich die **Gelege** der Weibchen sind und wie man sie **künstlich bebrütet**. Hierzu besorgt man sich am einfachsten die „Kunstglucke" aus gut eingerichteten Reptilienabteilungen des Zoofachhandels. Die Eier werden dann vorsichtig ausgegraben, und ohne ihre Position zu verändern, und zu einem Drittel oder zur Hälfte in leicht feuchtes Substrat wie rundkörnigem Sand, feinem Kies oder Vermiculit gebettet. Luftiges Substrat ermöglicht, dass von außen noch sauerstoffreiche Luft an die Eier zu ihrer Atmung gelangen kann. Anschließend werden diese Dosen in den **vortemperierten Brutapparat** inkubiert. Weiter erfährt man, wann unter den gegebenen Temperaturen mit dem Schlupf der Jungtiere zu rechnen ist. Nach der bekannten **Inkubationszeit** kann man das Schlüpfen der Jungtiere oft dadurch provozieren, dass man die **Luftfeuchtigkeit** innerhalb des Brutbehälters erhöht. Keineswegs darf aber Kondenswasser auf die Eier tropfen! Nachdem die Jungtiere die Eihüllen vollständig verlassen haben, überführt man sie in **Aufzuchtterrarien** mit den gleichen Klimabedingungen wie bei den Erwachsenen.

Futterpflanzen

Tropischen Schildkrötenarten kann man Tomaten, Gurken und süße Früchte bieten, jedoch nur maßvoll, denn sonst kann ihre Darmflora geschädigt werden. Außerdem die folgenden bewährten Wildkräuter, die gerne von Schildkröten, vorwiegend Landschildkröten gefressen werden. Ackerwinde (*Calystegia* spp.); Bärenklau (*Acanthus* sp.); Brombeere (*Rubus fruticosus*): auch im Winter verfügbar; Ferkelkraut (*Hypochoeris* spp.); Geißblatt (*Lonicera periclymenum*); Klee (*Trifolium* spp.); Löwenzahn (*Taraxacum officinale*); Malve (*Malva* spp.); Mauerpfeffer (*Sedum* spp.); Pippau (*Crepis* spp.); Rote Taubnessel (*La-*

mium purpureum): auch im Winter oft verfügbar; Rotklee (*Trifolium pratense*); Saudistel (*Sonchus oleraceus*); Schafgarbe (*Achillea millefolium*) im jungen Stadium; Stachelige Saudistel (*Sonchus asper*); Steinbrech (*Saxifraga* spp.); Sternmiere (*Stellaria media*): auch im Winter verfügbar; Taubnessel (*Lamium album*); Weißklee (*Trifolium repens*); Wicke (*Vicia* spp.); Wildkohl (*Brassica* spp.): selten verfüttern! Vogelmiere (*Stellaria media*); Wegerich (*Plantago* spp.).

Tierische Kost

Im und am Wasser lebende Schildkröten ernähren sich im Gegensatz zu Landschildkröten gewöhnlich überwiegend animalisch, abhängig von der jeweiligen Art. Nur von *Morenia petersi* und einigen anderen Arten ist bekannt, dass sie sich vorwiegend von Pflanzen ernähren. Bei vielen Arten ändern sich die Ernährungsgewohnheiten im Verlauf des Lebens. Vor allem Wasserschildkröten-Jungtiere nehmen meist ausschließlich animalische Kost zu sich, in der Natur Würmer, Kleinkrebse, Insekten und deren Larven, Schnecken und Muscheln, Fisch- und Amphibienlaich und -larven, kleine Fische und Amphibien. Ihre Nahrung enthält neben Eiweißen, Kohlenhydraten und Fetten auch Vitamine und Mineralien. Reine Fleischfresser nehmen Kohlenhydrate, auch Vitamine pflanzlichen Ursprungs, oft mit dem Mageninhalt ihrer Beutetiere auf. Ihr notwendiges Kalzium beziehen sie vor allem aus dem Verzehr von Schnecken und Krebsen mitsamt Gehäusen oder Panzern. Mit fortgeschrittener Größe fressen etliche Schildkrötenarten auch pflanzliche Kost, daneben Aas und Kot von Säugetieren.

In der Natur ist die Nahrungszusammensetzung oft saisonal unterschiedlich. So vermehren sich plötzlich Kleinkrebse stark und bilden leicht erreichbare Beute oder in bestimmten Gewässerabschnitten haben sich die Schnecken gut vermehrt und werden dann „geerntet“. Schildkröten in Menschenobhut können lernen, bestimmte Stoffe als Nahrung zu akzeptieren und nehmen dann „Kunstfutter“ an. Trotzdem ist es häufig erschreckend, wie eintönig „Wasserschildkröten“ ernährt werden. Man kann sie zwar stets mit gleichem Futter konfrontieren, sie lieben aber, ebenso wie andere Lebewesen, die Abwechslung, weil sie natürlicher ist. Die Palette der Nahrungsmittel für Schildkröten ist umfangreich genug, man sollte sich nur etwas Mühe in diesem Punkt der Schildkrötenpflege geben.

Terrarientypen nach Gruppenmerkmalen

– A – Kleine bis mittelgroße Wasserschildkröten, die nur hin und wieder den Landteil aufsuchen. Für sie sind Sichtbarrieren und Unterwasserverstecke grundsätzlich erforderlich.

– B – Wasserschildkröten, die recht groß werden können, ständig im Wasser leben und nur zur Eiablage den Landteil aufsuchen. Da sie meist in einem Versteck, unter einer Wurzel, dem Landteil oder Ähnlichem auf Beute lauern und sich wenig bewegen, stören andere Artgenossen oder Arten. Bei ihnen wird deshalb **Einzelhaltung empfohlen**.

– C– **Schildkröten** mit einer **Stockmaß-Carapaxlänge** (SCL) bis **etwa 40 bis 50 cm**, vorwiegend im Wasser lebend und sehr bewegungsfreudig. Sie suchen nur zur Eiablage den Landteil auf. Daher sollte sich der **Strahler** über dem Wasserspiegel befinden. Einige dieser Schildkröten (z. B. Weichschildkröten) graben sich gerne in den Bodengrund ein, sodass sich auf dem Grund eine panzerhohe Schicht rundkörniger Sand befinden muss. Aggressive Arten sind einzeln zu halten.

– D – **Schildkröten**, die eine SCL von **etwa 25 cm** erreichen können und sich sowohl oft im Wasser als auch außerhalb, zum Sonnenbaden oder Trocknen, befinden. Gewöhnlich lassen sie sich **in Gruppen** halten, wobei die Männchen untereinander manchmal aggressiv sein können. Daher hält man sie meist einzeln mit mehreren Weibchen (Gruppe) oder Männchen grundsätzlich einzeln. Klimatisch angepassten Arten sollte dauernde oder im Sommer zeitweise Freilandhaltung geboten werden.

– E– wie **D**, jedoch Arten, die wesentlich größer als 25 cm werden können.

– F– **Sumpfschildkröten**, die eine SCL von **etwa 20 cm** erreichen können und sehr stark an Land gebunden sind. Zum Teil sind die Männchen untereinander sehr aggressiv, oft auch anderen Schildkröten gegenüber und müssen dann einzeln gehalten werden.

– G – **Landschildkröten**, die unbedingt im **Freiland** gehalten werden sollten. Das Freiland muss Schutzhütten, Sonnenplätze und Schattenplätze aufweisen, sowie einen Eiablagehügel. In den ungünstigen Zwischenzeiten wie Frühling, Spätherbst, können sie bis zur Überwinterung in einem Zimmerterrarium untergebracht werden.

– H – **Landschildkröten** aus **heißen Trockengebieten**. Sie sind in einem Innenterrarium unterzubringen. Lediglich in den Sommermonaten können sie, zeitweise, in einer Freilandanlage untergebracht werden.

– I – **Landschildkröten** aus **heißen Feuchtklimaten**. Sie sind in einem Innenterrarium mit Wassernapf oder flachem Wasserbecken unterzubringen und es muss eine **höhere Luftfeuchtigkeit** beispielsweise durch Sprühen gewährleistet sein.

Erklärung der Piktogramme

Stockmaß-Carapax(Rückenpanzer)-länge (SCL) der jeweiligen Art in cm.

Typ/G/WH
Terrarientyp: Bezeichnet mit dem Buchstaben entsprechend der oben beschriebenen Gruppen A bis I. Die Wahl des Terrariums oder Aqua-Terrariums richtet sich in erster Linie nach den Haltungsansprüchen der darin zu pflegenden Schildkröten.

G = Größe: Auf der Basis der SCL der Schildkröten wird die Terrariengröße wie folgt errechnet: SCL × angegebene Zahl. Beispiel: 20 cm SCL × 5 -> 20 cm × 5 = 100 cm Länge. Das Terrarium muss dementsprechend für 2 Tiere 100 cm lang sein, für die Breite gilt die Hälfte. Somit ist eine Grundfläche von 100 × 50 cm erforderlich. Die Höhe richtet sich nach den Fähigkeiten und der Aktivität der Schildkröten und muss so gewählt werden, dass sie nicht herausklettern können.

WH = Wasserhöhe: Zu berechnen nach der Stockmaß-Carapaxbreite (SCB) × angegebener Zahl/flache Schale

Temperaturen: L °C/WS °C/ W °C

L = Luft: Erforderliche Lufttemperatur in °C. Die Tiere sollen ihren Standort selbst wählen können.

WS = Wärmestrahler: Temperatur in °C im Lichtkegel des Wärmestrahlers. Damit Schildkröten ihre Vorzugstemperatur erreichen können, sollten durch Wärmestrahler Plätze eingerichtet werden, die ihnen die entsprechenden Temperaturen bieten.

W = Wasser: Sollte etwas unterhalb der Lufttemperatur, oder deutlich unter der maximalen Lufttemperatur (Strahler) liegen.

Freilandhaltung: nein/ganzjährig/fast ganzjährig/nur warme Sommermonate

Die Schildkröten von A bis Z

18–23 cm | Typ H/G SCL x 8 | L 20–25 °C/WS 45 °C | warme Sommermonate

Agrionemys horsfieldii GRAY, 1844

Steppenschildkröte

Verbreitung und Lebensraum: Von der Region im Bereich des Kaspischen Meeres ostwärts durch Kasachstan bis etwa Xinjiang (W-China), südlich nach Iran, Afghanistan und Pakistan. Lehmige Wüsten, Steppenbereiche in Oasennähe und grasbewachsene Flächen in der Nähe großer Fließgewässer und Quellen.
Aussehen: Carapax verhältnismäßig flach, wirkt bei großen Exemplaren fast rund, gelegentlich gesägt. Nackenschild lang und schmal. Grundfarbe gelblich bis oliv, schwarz gefleckt. Plastron (Bauchpanzer) dunkel. Kopf und Gliedmaßen gelblich. Vorderfüße mit vier Krallen, Hinterbeine fünf. Oberschenkel der Hinterbeine mit kleinen Spornen. Schwanz endet mit Hornnagel. Männchen mit konkav geformtem Plastron und längeren, dickeren Schwanz, bleiben deutlich kleiner als Weibchen.
Pflege/Vermehrung: Allesfresser, die jedoch vegetarische Kost bevorzugen. Man hält sie am besten nach Geschlechtern getrennt und setzt hin und wieder Männchen zu Weibchen. Eine Wasserschale wird gerne aufgesucht.
Die Tiere sollten 3–5 Monate bei Temperaturen um 4–8 °C überwintern. Weibchen legen meist zwischen 3–5, maximal bis 7 Eier. Bei Temperaturen zwischen 24 und 32 °C – in trockenem Substrat, aber bei einer relativen Luftfeuchtigkeit von 70–95 % schlüpfen Jungtiere nach 84–102 Tagen, bei 27–31 °C nach 60–83 Tagen, bei 29–30 °C nach 64–68 Tagen, bei 29–30, max. 34 °C, nachts 18–24 °C nach 114 Tagen. Jungtiere können in Gruppen aufgezogen werden. Abwechslungsreich füttern!

33–67 cm | Typ C/G SCL x 6/ WH SCB x 4–5 | L 20–25 °C/ WS 35 °C/W 24–26 °C | nein

Apalone (Platypeltis) ferox (SCHNEIDER, 1783)

Florida-Weichschildkröte

Verbreitung und Lebensraum: USA (SW-South Carolina, Georgia, S-Florida, S-Alabama) Seen, Teiche, Kanäle und Gräben sowie stillere Bereiche von Fließgewässern. Bevorzugen tiefere Gewässer mit sandigem oder schlammigem Untergrund, aber auch schlammige, sprudelnde Quellen. Selten auch Mündungsbereiche von Flüssen.

Aussehen: Größte, bulligste Weichschildkröte Nordamerikas. Fast immer einfarbig dunkelbraun oder dunkel bräunlich grau, manchmal mit vager Andeutung großer dunkler Flecken. Carapaxoberfläche besitzt kleine Beulen, die gewöhnlich halbmondförmig den vorderen Bereich und die Seiten bis zu den Vorderbeinen einschließen. Die Beulen sind abgeflacht und nicht stachelig. Nasenöffnungen wie First geformt (wie bei *A. spiniferus*-Formen). Männchen mit längerem, etwas dickerem Schwanz, bleiben kleiner.

Pflege/Vermehrung: Allesfresser, die jedoch animalische Kost bevorzugen. Das Aquaterrarium muss als Bodengrund eine hohe Sandschicht haben, da sich die Tiere darin eingraben. Einige Schwimmpflanzen bieten ebenfalls Versteckmöglichkeiten. Ein festgeklemmtes Korkrindenstück genügt Jungtieren als „Insel". Weibchen benötigen geräumigen Landteil (Eiablageplatz) mit lockerem Substrat. Einzelhaltung. Paare nur kontrolliert zusammensetzen. Weibchen legen meist zwischen 13–28 Eier, aus denen bei Temperaturen um 27–30 °C nach 39–68 (–116) Tagen Jungtiere schlüpfen. Jungtiere müssen einzeln aufgezogen werden!

24–44 cm | Typ C/G SCL x 6/ WH SCB x 4–5 | L 25–28 °C/ WS 35 °C/W 24–26 °C | nein

Apalone (Apalone) spinifera (LESUEUR, 1827)

Dornrand-Weichschildkröte

Verbreitung und Lebensraum: USA und S-Kanada, in langsam fließenden Flüssen, Altarmen, Seen und kleineren, stehenden Gewässern mit weichem Untergrund und zum Teil dichter Vegetation.

Aussehen: Sehr flacher Rückenpanzer, im Nackenbereich höckerige Strukturen. Grundfarbe olivgrün bis grau. Darauf Muster aus dunklen Ozellen oder je nach Unterart, hellen runden Punkten oder großen Flecken. Eine bis mehrere Linien verlaufen parallel zum Panzerrand. Plastron weiß. Weichteile graugrün mit dunklen Tupfen. Nasenspitze bildet einen langen Schnorchel, an dessen Seiten zieht eine schwarz eingefasste, gelbliche Linie zum Auge und dahinter bis zum Hals. Männchen haben einen dickeren und längeren Schwanz und auf dem Carapax ein aus Tüpfeln und Ozellen gebildetes Fleckenmuster. Weibchen auf dem Rückenpanzer große verwaschene Flecken.

Pflege/Vermehrung: Allesfresser, die jedoch animalische Kost bevorzugen. Ansonsten bietet man ihnen die gleichen Bedingungen wie *Apalone ferox*. Man muss diese Weichschildkröten einzeln halten, da sie untereinander sehr aggressiv sind. Kanadische Exemplare können eine kühlere Ruhephase einlegen. Anschließend kommt es beim kontrollierten Zusammensetzen von Männchen und Weibchen häufig zu Paarungen. Weibchen können pro Gelege zwischen 4–32 Eier legen, aus denen bei 28–30 °C nach circa 60 Tagen Jungtiere schlüpfen. Jungtiere sind einzeln aufzuziehen und abwechslungsreich zu füttern.

40–42 cm | *Typ I/G SCL x 8* | *L 25–30 °C/WS 45 °C* | *warme Sommermonate*

Astrochelys radiata (Shaw, 1802)

Strahlenschildkröte

Verbreitung und Lebensraum: S-Madagaskar, eingeführt auf den Inseln Mauritius und Reunion. Trockene Wälder, bewachsen mit den kaktusähnlichen Didieraceae. Jährlichen Niederschläge erreichen oft weniger als 400 mm. Leben gerne im Bereich des flachen Dornbuschbewuchses oder im Grasland, weniger im Dickicht der Didieraceae.

Aussehen: Carapax stark gewölbt. Schilder mit Muster von abwechselnd strahlenförmig auseinander laufenden gelben und dunkelbraunen Streifen. Die gelben Strahlen oft schmaler als die braunen, es kann aber auch umgekehrt sein. Exemplaren ab SCL von 40 cm aufwärts manchmal ohne charakteristische Zeichnung. Es gibt auch durchgehend gelbe Exemplare. Strahlenmuster auch auf Randschildern und Plastron. Kopf gelb, oben schwarz. Schwanz endet mit einer spornartigen Schuppe. Randschilder bei Jungtieren hinten gelegentlich gesägt. Strahlenmuster bei ihnen weniger auffallend, mehr ein gelbes Fleckenmuster. Männchen konkav geformtes Plastron und längeren, dickeren Schwanz.

Pflege/Vermehrung: Vorwiegend Vegetarier. Lehm- und stellenweise Sandschicht als Bodengrund. Manchmal im Futter etwas wählerisch. Können bei artgerechter Haltung sehr alt werden (über 130 Jahre). Suchen gerne geräumige Kunsthöhlen und einen flachen Wasserteil auf. Bei hochsommerlichen Temperaturen tagsüber in eine Freilandanlage setzen. Weibchen legen 2–9 (max. 12) Eier. Bei 28–29 °C schlüpfen Jungtiere nach 106 bis 137 Tagen.

bis 18 cm | Typ D/G SCL x 6/ WH SCB x 4–5 | L 22–25 °C/WS 35 °C W 23–25 °C, S 25–28 °C | warme Sommermonate

Cathaiemys mutica CANTOR, 1842

Gelbe Sumpfschildkröte

Verbreitung und Lebensraum: *C. m. mutica* (CANTOR, 1842): SO-China; *C. m. kami* (YASUKAWA, OTA & IVERSON, 1996): Japan (W-Riukiu-Inseln); kommt in Tümpeln, Teichen und Sumpfgebieten der Niederungen ebenso vor wie in Waldbächen des Hügellandes.

Aussehen: Der Carapax ist kastanienbraun und besitzt drei schwarze Längskiele. Der mittlere ist deutlicher ausgeprägt und im Alter oft nur noch erkennbar. Das Plastron ist orange- bis schwefelgelb, auf der äußersten Hinterseite der Schilder findet man einen großen dunklen Fleck. Sie haben ein waagerechtes breites gelbes Schläfenlängsband, das oft auch schwarz eingefasst ist. Es beginnt direkt hinter dem Auge. Ihre Kehle ist ebenfalls gelblich. Männchen besitzen ein konkav geformtes Plastron und einen längeren Schwanz.

Pflege/Vermehrung: Sie verzehren sowohl tierische als auch pflanzliche Kost und sollten möglichst einzeln gehalten werden. Männchen und Weibchen setzt man nur kontrolliert zur Paarung zusammen. Im Hochsommer ist eine Freilandhaltung (kleiner umfriedeter Teich) sinnvoll und ermöglich eine natürliche Vitamin-D-Synthese. Man kann sie etwa 3–4 Monate bei 4–10 °C überwintern, anschließend sind sie oft paarungsbereiter. Weibchen legen 1–2 (max. 4 Eier). Die Eier muss man in einem Brutapparat künstlich bebrüten. Bei Temperaturen von 28–30 °C und einer relativen Luftfeuchtigkeit von 80–90 % schlüpfen Jungtiere nach etwa 65–70 Tagen. Jungtiere kann man in Gruppen aufziehen. Abwechslungsreich füttern!

bis 80 cm | Typ H/G SCL x 8 | L 25–28 °C/**WS** 45 °C | warme Sommermonate

Centrochelys sulcata (MILLER, 1779)

Spornschildkröte

Verbreitung und Lebensraum: Zentralafrika von Mauretanien und Senegal bis Äthiopien. Lebt vorwiegend in Grasland mit Akazienbestand, belaubtem Busch- und Grasland mit Halbwüstencharakter.

Aussehen: Vordere und hintere Randschilder stark gesägt und nach oben gebogen, meist gut entwickelte Wachstumsringe. Am Plastron ebenfalls gut entwickelte Wachstumsringe. Kehlschilder zweizinkig gegabelt und deutlich hervorstehend, vor allem bei Männchen. Männchen mit konkav geformtem Bauchpanzer. Carapax gelb oder gelbbraun, Plastron gelblich. Oberschenkel mit je 2 großen Spornen. Jungtiere hellgelb, Rückenschilde braun gerändert, Plastron gelblich weiß. Carapax gewölbter als bei Erwachsenen.

Pflege/Vermehrung: Im Sommer kann man Spornschildkröten auch in einer Freilandanlage halten. Vorwiegend Vegetarier. Gruppenhaltung (1 Männchen und 2–3 Weibchen) empfohlen. Eine Wasserschale wird gerne zum Trinken und Baden aufgesucht. Weibchen können zwischen 1–17 Eier legen, maximal sogar bis 25 Stück pro Saison. Die Eier müssen unbedingt geborgen und künstlich bebrütet werden. Bei Temperaturen zwischen 27–32 °C und einer relativen Luftfeuchtigkeit von 60–90 % schlüpfen Jungtiere nach circa 70–210 (meist 100–200) Tagen. Innerhalb eines Geleges können Schlupfzeiten sehr variabel sein und Jungtiere innerhalb von vier Wochen schlüpfen. Bei ihrer Aufzucht muss das Futter wöchentlich mit einem Vitamin-Mineralstoffpräparat bestäubt werden. Nicht zu trocken halten!

20–27 cm | Typ D/G SCL x 6/ WH SCB x 2–3 | L 25–26 °C/ WS 35 °C/W 24–25 °C | nein

Chelodina longicollis (SHAW, 1802)

Glattrücken-Schlangenhalsschildkröte

Verbreitung und Lebensraum: Australien (SO-Südaustralien bis O-Queensland). Flussläufe und tote Flussarme, vor allem aber Sümpfe.

Aussehen: Carapax flach, gelbbraun bis fast schwarz, leicht ausgeschwungenes Hinterteil, Panzermitte gefurcht. Tiere aus dem nördlichen Teil des Verbreitungsgebietes werden offensichtlich etwas größer als jene aus dem Süden. Plastron gelblich braun; Schildnähte mit dunklen Linien. Kopf klein, schmal, Hals so lang wie Carapax. Weichteile gelbbraun. Hornschuppen auf der Halsoberseite bilden raue Oberfläche. Geschlechter kaum zu unterscheiden, Männchen bleiben etwas kleiner, schwach konkav geformtes Plastron, längeren und etwas dickeren Schwanz.

Pflege/Vermehrung: Diese Schildkröten werden recht häufig gehalten. Sie verzehren ausschließlich tierische Kost (Fisch, Fleisch, Geleefutter etc.) und sind recht robust. Sie benötigen ein geräumiges Aquaterrarium, Weibchen auch einen mit Substrat gefüllten Landteil für die Eiablagen, den Männchen genügt eine Insel. Gewöhnlich hält man sie in Gruppen von einem Männchen und 2–3 Weibchen. Weibchen legen zwischen 4–15 Eier, die künstlich inkubiert werden müssen. Bei 27–30 °C, im Mittel etwa 29 °C und einer relativen Luftfeuchtigkeit von fast 100 % schlüpfen Jungtiere nach etwa 65–78 Tagen. Jungtiere müssen 1x wöchentlich Mineralstoff- und Vitamingaben erhalten und sind unbedingt abwechslungsreich zu füttern.

42–50 cm | Typ I/G SCL x 8/ WH flache Schale | L 25–30 °C/WS 45 °C | warme Sommermonate

Chelonoidis carbonaria (SPIX, 1824)

Köhlerschildkröte

Verbreitung und Lebensraum: SO-Panama, Kolumbien (westlich der Anden in Choco), östlich der Anden in O-Kolumbien, Venezuela, Guyana, Französisch Guyana, Surinam, O-Brasilien, Peru, O-Bolivien, Paraguay, N-Argentinien, Trinidad, Virgin Islands (St. Croix); eingeführt auf einigen Karibischen Inseln (incl. Providencia), Nicaragua (Great Corn Island). Trockenes Flachland, darin Bereiche mit Grasbewuchs und angrenzende trockene Waldgebiete; außerdem offene Bereiche der Regenwälder.

Hier herrscht gewöhnlich eine hohe Luftfeuchtigkeit und in vielen Bereichen fast gleichbleibend hohe Temperaturen, die auch nachts kaum absinken, das heißt, es gibt ausgeprägte Trocken- und Regenzeiten.

Aussehen: Können je nach Population recht variabel gefärbt sein. Carapax länglich, dunkelbräunlich, schwärzlich, bläulich. Große Exemplaren manchmal an Panzerseiten etwas eingebuchtet; deutliche Wachstumsringe. Schilde mit kleiner runder, gelber Fläche. Schuppen auf Kopfoberseite groß und ungeteilt. Kopfschuppen mit kräftigem, rötlichen Postorbitalstreifen. Carapaxränder bei Jungtieren nicht gezähnelt, sondern glatt, auffällig schwarz und gelb gefärbt. Männchen längeren, dickeren Schwanz, Plastron konkav.

Pflege/Vermehrung: Benötigen ein flaches Wasserbecken im Terrarium. Fressen vorwiegend vegetarische Kost. Weibchen legen 3–6, max. 15 Eier. Bei 28/29 °C und circa 90 % relativen Luftfeuchtigkeit, aber trockenem Substrat, Schlupf der Jungtiere nach knapp 100 Tagen.

30–44 cm | Typ H/G SCL x 8/ WH flache Schale | L 22–25 °C/WS 45 °C | warme Sommermonate

Chelonoidis chilensis (GRAY, 1870)

Patagonische Landschildkröte

Verbreitung und Lebensraum SW-Bolivien, W-Paraguay, NW-Argentinien und im Süden anschließendes argentinische Monte-Gebiet bis N-Patagonien, z. T. bis 1200 m ü.NN; Wüstengestrüpp und trockenen Laubwäldern der Chaco-Region. Hier herrschen auch saisonale Temperaturschwankungen und zeitweise Niederschläge.

Aussehen: Carapax ist abgerundet und hat oft deutliche Wachstumsringe. Randschilder sind hinten leicht gesägt. Panzer, Gliedmaßen und Kopf sind hell sandfarben, hin und wieder findet man auf den Carapaxschildern dunkle Bänder. Ihr Oberkiefer ragt deutlich über den Unterkiefer. Die Gliedmaßen wirken kräftig; hornige Oberschenkeltuberkel sind vorhanden. An der Schwanzspitze befindet sich ein horniger Endnagel. Bei Jungtieren ist der Rückenpanzer noch runder und auf den Randschildern befinden sich dunkle Bänder. Der Bauchpanzer ist in der Mitte dunkel, an den Rändern hell. Männchen haben ein konkav geformtes Plastron und einen längeren, dickeren Schwanz. Außerdem sind bei ihnen häufig die Kehlschilder dicker und abgestumpft.

Pflege/Vermehrung: Die Schildkröten sind ruhige und verträgliche Tiere, die vor allem vegetarische Kost (Kräuter, Salat, Früchte) verzehren. Flache Wasserschale zum Baden erforderlich. Weibchen legen 2–4, max. bis 15 Eier pro Saison. Bei 28/29 °C und einer relativen Luftfeuchtigkeit von 90 % bebrütet schlüpfen Jungtiere nach etwas über 100 Tagen. Sie sind unbedingt abwechslungsreich zu füttern.

60–82 cm

Typ I/G SCL x 8/ WH flache Schale

L 22–25 °C/WS 45 °C

warme Sommermonate

Chelonoidis denticulata (LINNAEUS, 1766)

Jabuti- oder Waldschildkröte

Verbreitung und Lebensraum: Südamerika östlich der Anden, von Kolumbien und Venezuela bis Trinidad, Bolivien und Brasilien. Subtropische Regenwälder, außerdem daran angrenzende Savannen.

Aussehen: Der oben abgeflachte Carapax ist auffallend länglich und hinten nach außen gebogen. Hin und wieder findet man auf den einzelnen Schildern deutliche Wachstumsringe. Die Schildkröten sind bräunlich gefärbt und haben im Zentrum der Strahlenkränze eines jeden Schildes einen nicht deutlich abgegrenzten gelben Fleck. Ihre Weichteile sind grau gefärbt. Die Kopf- und Gliedmaßenschuppen können gelb oder orangefarben sein. Jungtiere besitzen einen abgerundeten Carapax, bei dem die vorderen Marginalschilder auffällig gesägt sind. Die Strahlenkränze sind fein gesprenkelt. Jungtiere sind fast gleichmäßig gelbbraun gefärbt. Einige Exemplare neigen zu Gigantismus, vor allem Weibchen. Ansonsten sind Männchen oft größer als Weibchen. Männchen besitzen außerdem ein konkav geformtes Plastron und einen dickeren Schwanz.

Pflege/Vermehrung: Ähnlich wie *C. carbonaria*. Auch sie benötigen ein flaches Wasserbecken und verzehren vorwiegend vegetarische Kost. Die Weibchen legen oft 8–9 max. bis 12 Eier. Bei 31,5 °C und einer relativen Luftfeuchtigkeit von 60–70 % inkubiert schlüpfen daraus nach etwa 90–100 Tagen die Jungtiere. Bei ihrer Aufzucht ist das Futter wöchentlich leicht mit einem Vitamin- und Mineralstoffpräparat bestäubt werden.

über 40 cm | Typ B/G SCL x 4–5/ WH SCB x 2–3 | W 25–28 °C | nein

Chelus fimbriata (SCHNEIDER, 1783)

Amazonas-Fransenschildkröte

Verbreitung und Lebensraum: Venezuela, Kolumbien, Ecuador, Peru, Bolivien, Guayana-Staaten, Brasilien (Amazonas-Einzugsgebiet). Im Orinoko-Einzugsgebiet und den benachbarten Küstenflüssen (Venezuela, Kolumbien, auf Trinidad eingeführt) lebt eine etwas abweichende Form. Bevorzugt stagnierende, vegetationsreiche Seen, Teiche und langsam fließende Gewässer mit weichem Untergrund.

Aussehen: Carapax mit drei kräftigen Kielen ausgestattet. Schilde am Rand ein wenig aufgewölbt, strahlenförmig gefurcht. Kopf flach, dreieckig, an den Seiten und Hals fadenähnliche bis lappig zottige Hautfransen, die mit Nervenbahnen durchsetzt sind und offensichtlich als zusätzliches „Sinnesorgan" dienen. Kinn mit einigen verzweigten Barteln, am Hals viele kleinere und größere Tuberkel. Winzige Augen. Nase mit schnorchelartigem Fortsatz, Maul sehr breit. Plastron olivgrün, gelblich oder bräunlich, auf den einzelnen Schilden dunkle Radiärzeichnung. Jungtiere mehr hellbraunen Carapax und rötliche Bauch- und Halsunterseite. Plastron mit Flecken-, Hals mit Streifenzeichnung. Männchen dickere Schwanzwurzel.

Pflege/Vermehrung: Verzehren ausschließlich tierische Kost, am liebsten lebende Fische, die sie mit plötzlich aufreißendem Maul einsaugen. Einzelhaltung! Paare nur hin und wieder zusammenführen. Weibchen können 8–30 Eier legen, die man in feuchtem Torfmoss (Sphagnum) inkubiert. Bei Temperaturen von 29 °C ± 1 °C schlüpfen Jungtiere nach etwa 194 Tagen.

18–28 cm | Typ H/G SCL x 8/ WH flache Schale | L 25–28 °C/WS 45 °C | nein

Chersina angulata SCHWEIGGER, 1812

Afrikanische Schnabelbrustschildkröte

Verbreitung und Lebensraum: Südafrika, Namibia. Ebenso in Halbwüsten (Klein-Namaqualand) wie in feuchteren Bereichen (z. B. Karoo). Bevorzugen jedoch Bereiche mit mediterranem Klima.
Aussehen: Carapax verhältnismäßig lang und schmal. Nackenbereich tiefe Kerbe. Gewöhnlich 10 Randschilder. Vorderen Randschilder ausgedehnt aber glatt gerandet, seitlichen weder heruntergebogen noch abgeflacht, die hinteren etwas gedehnt und nach unten gebogen. Plastron etwas länger als Carapax. Unpaares Kehlschild, vorne stumpf und schnabelartig weit vorragend. Carapax blass strohfarben, gelblich braun bis oliv, breite dunkle Ränder und dunkle Mitte auf jedem Wirbel- und Rippenschild. Randschilder vorne mit schmalem, dunklem Dreieck. Plastron gelb bis rötlich, in der Mitte großer schwarzer Fleck. Carapax der Jungtiere flach, blassgelb. Männchen konkav geformtes Plastron, ausgeprägteres Kehlschild, längeren und dickeren Schwanz.
Pflege/Vermehrung: Die schönen Tiere sind Vegetarier und verzehren Kräuter, Salat und Früchte. Letztere darf man nicht zu oft anbieten. Im Terrarium sollte sich eine flache Wasserschale befinden. Manche Halter pflegen ihre Schnabelbrustschildkröten nach Geschlechtern getrennt und setzen sie nur hin und wieder zusammen. Weibchen legen meist nur 1, selten auch 2 Eier. Bei 30 °C und einer relativen Luftfeuchtigkeit von 80–90 % schlüpfen Jungtiere nach einem Zeitraum von 95–127 Tagen. Unbedingt abwechslungsreich füttern.

13–24 cm | Typ D/G SCL 6/ WH SCB x 2–3 | L 22–25 °C/ WS 35 °C/W 20–24 °C | nein

Chinemys reevesii GRAY, 1831

Chinesische Dreikielschildkröte

Verbreitung und Lebensraum: China und Taiwan. Dort leben sie in Flüssen, Seen, vegetationsreichen Teichen, Tümpeln und Wassergräben. Recht anspruchslose Reptilien, auch Kulturfolger, denn sie leben auch in Reisfeldern oder Wasserstellen in der Nähe menschlicher Siedlungen.

Aussehen: Der Carapax ist bräunlich bis fast schwarz und besitzt drei Kiele. Vor allem bei Jungtieren können die Schildernähte hell abgesetzt sein. Das Plastron ist einheitlich schwarz oder hellgelb, dunkel gefleckt. Die Nähte sind hell abgesetzt, die Weichteile sind dunkel. Zwei oder drei Schnörkellinien findet man hinter dem Auge, sie bilden am Hals weiterführend helle Punkt- oder Strichlinien. Vorderfüße mit fünf, Hinterfüße vier Zehen. Männchen bleiben kleiner, sind fast immer Schwärzlinge, haben dickere Schwanzwurzeln, Plastron konkav.

Pflege/Vermehrung: Die Allesfresser ernähren sich vorwiegend von tierischer Kost. Man kann sie in Gruppen von einem Männchen und 2–3 Weibchen halten. Eine Überwinterung für circa 2 Monate bei 10–18 °C ist vorteilhaft für die Fortpflanzung. Die Weibchen legen meist 2–6 Eier. Man überführt sie in einen Brutapparat und inkubiert sie bei Temperaturen von 28–30 °C und fast 100 % relativen Luftfeuchtigkeit. Unter diesen Bedingungen schlüpfen Jungtiere nach etwa 63–67 Tagen. Jungtiere kann man gemeinsam aufziehen. Sie fressen am Anfang gerne Mückenlarven, Wasserflöhe, kleine Regenwürmer sowie Rindfleisch- und gekochte Geflügelstückchen.

20–25 cm | Typ D/G SCL x 6/ WH SCB x 4–5 | L 20–25 °C/ WS 35 °C/W 22–25 °C | warme Sommermonate

Chrysemys picta bellii (Gray, 1831)

Westliche Zierschildkröte

Verbreitung und Lebensraum: USA: Washington und nördliches Oregon bis Missouri und Wisconsin, isolierte Populationen in New Mexico, im Osten Arizonas, Süden Uthas, Südwesten Colorados und Mexiko (Norden Chihuahuas). Größere Gewässer.

Aussehen: Der Carapax besitzt im Jugendstadium ein gelbliches bis rötliches, strahlenförmiges Netzmuster auf leuchtend olivgrünem Grund. Das Plastron ist rotgelb bis gelb. Entlang der Mittelnaht findet man eine dunkle, symmetrisch angeordnete Figur. Im Alter dunkelt der Panzer nach. Der Kopf und die Weichteile sind grünlich grau mit gelben und rötlichen Streifen. Männchen besitzen an den Vorderbeinen verlängerte Krallen und einen dickeren Schwanz.

Pflege/Vermehrung: Lassen sich gut als Gruppe (1 Männchen, 2–4 Weibchen) halten. Sie verzehren tierische und pflanzliche, Jungtiere nur tierische Kost. Hält man sie einige Zeit kühler (Winter) erfolgen anschließend meist Paarungen. Man kann diese Schildkröten im Sommer auch in einer Freilandanlage halten. Die Weibchen können pro Gelege zwischen 2–14 Eier legen, die man künstlich bebrüten muss. Die Bruttemperatur nimmt Einfluss auf das Geschlecht der sich entwickelnden Zierschildkröten. Bei Temperaturen um 22–27,5 °C schlüpfen Männchen, bei 29–32 °C Weibchen. Häufig werden Jungtiere angeboten. Man muss sie abwechslungsreich füttern und auch Vitamin- und Mineralstoffgaben über das Futter streuen. Fressen gerne lebende Tiere.

13–16 cm	Typ D/G SCL x 6/ WH SCB x 4–5	L 20–25 °C/ WS 35 °C/W 20–24 °C	warme Sommermonate

Chrysemys picta dorsalis AGASSIZ, 1857

Südliche Zierschildkröte

Verbreitung und Lebensraum: USA: Louisiana, Arkansas und östliches Texas bis Alabama und bis zum südöstlichen Missouri. Langsam fließende Gewässer, vegetationsreiche Tümpel und Teiche.

Aussehen: Der glatte Carapax ist grünbraun bis dunkelbraun. Am Kopf, Hals, Beinen und Schwanz findet man gelbliche bis rötliche Streifenmuster. Charakteristisch ist der gelbe oder rötliche Rückenstreifen. Die kräftigen Schwimmhäute an den Hinterbeinen weisen sie als gute Schwimmer aus. Männchen haben einen dickeren Schwanz.

Pflege/Vermehrung: Sind gut in Gruppen (1 Männchen, 2–3 Weibchen) zu halten. Halbwüchsige und Erwachsene verzehren sowohl tierische als auch pflanzliche Kost, Jungtiere nur animalische. Die attraktiven Schildkröten werden häufig angeboten und gepflegt. Hält man die Geschlechter zeitweise getrennt und setzt sie dann zusammen, erfolgen meist Paarungen. Ein großzügiger Landteil ist als Eiablageplatz unbedingt erforderlich. Im Sommer können die Weibchen auch in einer Freilandanlage zur Eiablage schreiten. Sie können pro Gelege zwischen 4–18 Eier legen. Die Bruttemperatur nimmt Einfluss auf das Geschlecht der Jungen. Männchen schlüpfen bei Temperaturen um 22–27,5 °C, Weibchen bei 29–32 °C. Jungtiere sind oft im Angebot der Händler. Man muss sie abwechslungsreich füttern. Sie verzehren gerne Geleefutter, dem man Vitamin- und Mineralstoffgaben zufügen kann. Die attraktiven Schildkröten gehören zu den begehrtesten ihrer Gattung.

10–25 cm | Typ D/G SCL x 6/ WH SCB x 4–5 | L 22–26 °C/ WS 35 °C/W 22–25 °C | warme Sommermonate

Chrysemys picta picta SCHNEIDER, 1783

Nördliche Zierschildkröte

Verbreitung und Lebensraum: USA: nördliches Georgia bis Kanada (Nova Scotia). Leben in langsam fließenden Gewässern, vegetationsreichen Teichen und Tümpeln, auch in Brack- und Abwasser.

Aussehen: Carapax glatt, bis auf die Randschilder dunkelbraun. Die Randschilder sind oben und unten rot gefleckt, ihre Rippen- und Wirbelschilder bilden regelmäßigen Querreihen. Am Vorderrand findet man helle Streifen. Männchen haben verlängerte Vorderkrallen und eine dickere Schwanzwurzel. Am Kopf besitzen die Tiere gelbe Streifen, am Hals zum Teil rote, an ihren Gliedmaßen gelbe und rötliche Streifen.

Pflege/Vermehrung: Man hält sie am besten als Gruppe (1 Männchen, 2–4 Weibchen). Die Zierschildkröten verzehren sowohl tierische als auch pflanzliche, Jungtiere nur animalische Kost. Tiere aus dem nördlichen Verbreitungsgebiet sind bei 4–8 °C zu überwintern. Anschließend erfolgen meist Paarungen. Man kann diese Schildkröten im Sommer auch in einer Freilandanlage halten.

Die Weibchen können pro Gelege zwischen 2–14 Eier legen, die man künstlich bebrüten muss. Die Bruttemperatur nimmt Einfluss auf das Geschlecht der jungen Zierschildkröten. Bei Temperaturen um 22–27,5 °C schlüpfen Männchen, bei 29–32 °C Weibchen. Häufig werden Jungtiere angeboten, die man abwechslungsreich füttern und denen man auch Vitamin- und Mineralstoffgaben über das Futter streuen muss. Fressen gerne Geleefutter, dem man diese Stoffe gleich zufügen kann.

12–18 cm | Typ A/G SCL x 4/ WH SCB x 2 | L 26–28 °C/ WS –/W 25–30 °C | nein

Claudius angustatus Cope, 1865

Große Großkopf-Kreuzbrustschildkröte

Verbreitung und Lebensraum: Mexiko (Östliches und mittleres Veracruz) bis Guatemala und Belize. Sumpfgebiete und Tümpel in der Nähe langsam fließender Flüsse.

Aussehen: Carapax dunkeloliv bis dunkelbraun, jedes der Schilde kann mehr oder weniger deutliche, strahlenförmig angeordnete dunkle Punkte und Strichreihen aufweisen. Es gibt auch fast schwarze Exemplare. Carapax mit drei mehr oder weniger stark ausgeprägten Längskielen. Panzerrand glatt. Plastron klein, kreuzförmig, gelblich und manchmal dunkel rotbraun. Carapax und Plastron sind an der Brücke lediglich durch einen schmalen Streifen häutigen Bindegewebes miteinander verbunden. Kopf sehr groß und passt nicht völlig unter den Panzer. Oberkiefer mit drei spitzen, zahnartigen Fortsätzen, Unterkiefer hakenartig nach oben gezogen. Kinn ein Paar Barteln. Weichteile schwarzgrau oder gelblich braun, dunkles Flecken- und Strichmuster. Kopfoberseite netzförmig gezeichnet. Männchen werden größer, größeren Kopf und längeren Schwanz. Im mittleren Veracruz (Mexiko) gibt es eine offenbar kleinköpfigere Variante.

Pflege/Vermehrung: Einzelhaltung. Man setzt sie lediglich zur Paarung zusammen. Fressen nur animalische Kost. Weibchen der kleinen Form legen 2–4, maximal 5 Eier, die der großen 4–6, maximal 8 Eier. Während der Inkubation ist eine Diapause möglich. Die Entwicklung der Embryonen stagniert zeitweise. Bei 28–30 °C und einer relativen Luftfeuchtigkeit von 80–100 % schlüpfen Jungtiere nach 94 Tagen.

12–13 cm | Typ D/G SCL x 4/ WH SCB x 2–3 | L 25 °C/ WS 35 °C/W 22–25 °C | nein

Clemmys guttata SCHNEIDER, 1792

Tropfenschildkröte

Verbreitung und Lebensraum: SO-Kanada, USA: von Michigan und NO-Illionois bis S-Maine, südwärts bis Z-Florida. Bevorzugen kleine, weichgrundige, sehr vegetationsreiche Gewässer. Stark an Gewässer gebunden, verlassen es nur selten. Schwimmen unbeholfen.

Aussehen: Carapax schwarz mit gelben, kreisrunden Punkten und Flecken. Jungtiere zum Teil völlig schwarz, ältere Tiere oft stark gesprenkelt mit bis zu 100 Sprenkeln. Es gibt auch gering oder sprenkellose Exemplare, jedoch mit gelben oder orangefarbene Flecken am Kopf und Hals. Bauchpanzer gelblich, äußere Schildanteile schwarze große Flecken. Hinter dem Auge beginnt ein gelber Streifen, der oft unterbrochen, bis zum Hals zieht. Männchen bräunliches Kinn, bei Weibchen gelb. Männchen braune Augen, Weibchen rötliche bis orangefarbene. Hornigen Kiefern stark dunkel pigmentiert, bei Weibchen gelblich. Männchen haben längeren, dickeren Schwanz.

Pflege/Vermehrung: Einzelhaltung empfehlenswert. Die Allesfresser bevorzugen tierische Kost, fressen hin und wieder auch Pflanzenteile. Sie sollten etwa 6 Wochen bei 10–14 °C überwintern. Anschließend setzt man die Paare zusammen. Weibchen können 1–3 Eier legen, maximal bis 8 Eier. Man bebrütet sie in feuchtem Vermiculit bei 28–30 °C und einer relativen Luftfeuchtigkeit von 90–95 %. Nach circa 50 Tagen schlüpfen Weibchen. Bei 23–27 °C schlüpfen nach circa 80 Tagen Männchen. Jungtiere sollte man einzeln aufziehen und muss sie unbedingt abwechslungsreich füttern.

20–22 cm | Typ F/G SCL x 6/ WH SCB x 2 | L 20–26 °C/ WS 35 °C/W 24–26 °C | nein

Cuora amboinensis (Daudin, 1801)

Südostasiatische Scharnierschildkröte

Verbreitung und Lebensraum: *C. a. amboinensis* (DAUDIN, 1801) (**Abbildung**): Molukken und Timor (Indonesien) und Timor Leste; *C. a. couro* (SCHWEIGGER, 1812): Sumatra, Java, Bali, Sumbawa und benachbarte Inseln (Indonesien) *C. a. kamaroma* RUMMLER & FRITZ, 1991: Thailand, Laos, Kambodscha und S-Vietnam bis S-Myanmar und Malaiische Halbinsel (Malaysia, Singapur); *C. a. lineata* McCORD & PHILIPPEN, 1998: Z- und S-Myanmar. Flüsse, Sümpfe, Kanäle, flache, vegetationsreiche Tümpel und deren dicht bewachsenen Uferzonen. Nicht nur in der Nähe von Gewässern.

Aussehen: Carapax bräunlich bis fast schwarz. Jungtiere noch drei Längskiele, ältere höchstens undeutlichen Mittelkiel. Am äußersten Rand der Plastronschilde ein verwaschener schwarzer Fleck auf gelbem Grund. Kopf länglich, leicht kantig mit dunkelbrauner Oberseite, von gelbem Band umgeben. Braune Längsbinde zieht darunter von Nasenspitze zum Hals. Ein weiteres gelbes Band folgt, durch einen braunen Strich gabelförmig geteilt. Halsunterseite gelblich, Gliedmaßen graubraun. Männchen mit längerem, dickeren Schwanz, Plastron konkav.

Pflege/Vermehrung: Männchen hält man einzeln, Weibchen in Gruppen. Allesfresser. Im Winter hält man sie einige Zeit etwas kühler und setzt danach die Geschlechter zusammen. Paarung im Wasser. Weibchen können 1–3, maximal 5 Eier legen. Sie sind künstlich zu bebrüten. Bei 27–29 °C und fast 100 % Luftfeuchtigkeit schlüpfen Jungtiere nach etwa 67 Tagen.

15–20 cm | Typ F/G SCL x 6/ WH flache Schale | L 20–23 °C/WS 35 °C | nein

Cuora flavomarginata (GRAY, 1863)

Gelbrand-Scharnierschildkröte

Verbreitung und Lebensraum: *C. f. flavomarginata* (**Abbildung**): Taiwan; *C. f. evelynae*: Japan (W-Riukiu-Inseln); *C. f. sinensis*: O-China. Häufig in der Nähe von Sumpfgebieten und Rändern flacher Gewässer, Tümpel, Teiche und überschwemmter Reisfelder. Im Gegensatz zur früheren Ansicht ist die Art jedoch streng landlebend und nicht von Gewässern abhängig.
Aussehen: Carapax leicht gewölbt, langgestreckt, dunkelbraun bis schwarz. Gelblicher Mittelkiel. Einzelne Schilder sind manchmal hell gefleckt. Plastron schwarz. Der Kopf ist gelblich, die Oberseite mittelbraun. Ein leuchtend hellgelber, dunkel eingefasster Streifen zieht, hinter dem Auge beginnend, bis in den Nacken. Weichteile dunkelbraun bis schwarz. Männchen besitzen eine etwas dickere Schwanzbasis.
Pflege/Vermehrung: Man hält die Tiere nach Geschlechtern getrennt, Männchen einzeln. Das Terrarium muss halbfeucht sein und eine Wasserschale enthalten. Sie verzehren sowohl tierische als auch pflanzliche Kost. Sie sollten für 10–12 Wochen bei 14–18 °C eine Winterruhe einlegen können. Weibchen legen meist nur 1–2, maximal 3 Eier. Das Gelege ist zu bergen und locker mit Substrat abzudecken (Versteckmöglichkeit für Schlüpflinge).
Bei Temperaturen um 30 °C und einer relativen Luftfeuchtigkeit von 95 % schlüpfen Jungtiere nach 69–71 Tagen; bei 28 °C und 70 % relativer Luftfeuchtigkeit nach circa 79 Tagen. Jungtiere verzehren tierische Kost. Abwechslungsreich füttern!

18–20 cm | Typ F/G SCL x 6/ WH flache Schale | L 20–28 °C | nein

Cuora galbinifrons
Bourret, 1939

Hinterindische Scharnierschildkröte

Verbreitung und Lebensraum: S-China, einschließlich der Inseln Hainan; N-Vietnam und NO-Laos. Feuchte montane Waldregionen mit Falllaub und Unterwuchs. Dort herrscht gewöhnlich ein feucht-kühles Klima, und nahezu täglich regnet es.

Aussehen: Carapax sehr hoch gewölbt, hell- bis dunkelbraun mit gelbem Mittelkiel, an den Seiten je ein gelbes, breites Längsband. Wirbel- und Randschilder mit zahlreichen gelblichen Flecken und Strichen. Plastron schwarz oder gelblich gefleckt. Kopf bräunlich-rötlich-gelb, Schnauze dunkelbraun. Kopfseiten bräunlich gezeichnet. Hals und Vorderbeine oft ebenfalls schwarzrötlich gezeichnet. Männchen gelbe, Weibchen orangefarbene Iris.

Pflege/Vermehrung: Männchen sollte man einzeln halten, Weibchen können in Gruppen gehalten werden. Das Terrarium sollte für die Allesfresser halbfeucht sein und eine Wasserschale aufweisen. In einer Ecke ist ein Torfmoos-Haufen angebracht. Es ist kein Wärmestrahler erforderlich! Innerhalb einer Saison sollte man die Tiere einige Zeit nur etwas kühler halten, anschließend zeitweise Männchen zu den Weibchen setzen. Weibchen legen gewöhnlich 2–3 Eier. Bei 30 °C schlüpfen Jungtiere nach circa 70 Tagen aus den Eiern. Bebrütet man die Eier die ersten 2 Wochen bei 30 °C, danach bei 27–28 °C, erfolgt der Schlupf nach 87 -89 Tagen. Während der Aufzucht vorwiegend tierische Kost anbieten und Mineralstoff- und Vitaminpräparate über das Futter streuen.

24–26 cm	Typ D/G SCL x 6/ WH SCB x 2–3	L 25–28 °C/ WS 35 °C/W 24–26 °C	nein

Cyclemys dentata (Gray, 1831)

Indomalaiische Blattschildkröte

Verbreitung und Lebensraum: Malaiische Halbinsel (Thailand, Malaysia, Singapur) bis Sumatra, Java und benachbarte Inseln (Indonesien). Ökologisch sehr anpassungsfähig. Lebt in Sumpfgebieten, in und an Waldtümpeln, überschwemmten Wiesen u. Ä. bis in Höhen von 1.000 m ü. NN.

Aussehen: Ihr Carapax ist dunkelbraun, weit geschwungen jedoch relativ flach und mit einem ausgeprägtem Mittelkiel, ihr Hinterrand ist gesägt. Das Plastron ist gelbbraun, auf jedem Schild befindet sich ein schwarzes Strahlenmuster. Im Alter bildet sich ein „Scharnier", sodass die Plastronhälften beweglich werden. Der Kopf ist länglich und auf der Oberseite dunkelbraun. Ihr Hals besitzt bräunlich orange Längsstreifen. Die Gliedmaßen sind bräunlich grau mit dunklen und hellen Sprenkeln. Bei Exemplaren aus Thailand ist die Haut an der Basis von Hals und Vorderbeinen meist hell rahmgelb und hebt sich deutlich von der bräunlichen Haut der Beine und des Kopfes ab. Plastron der Männchen konkav.

Pflege/Vermehrung: Die Allesfresser bevorzugen tierische Kost und können in Gruppen (1 Männchen, 2–3Weibchen) gehalten werden. Weibchen legen 2–3 Eier, die künstlich bebrütet werden müssen. Bei einer Temperatur um 27 °C und einer relativen Luftfeuchtigkeit von 75 % schlüpfen Jungtiere nach einem Zeitraum von 78 bis 91 Tagen. Jungtiere sind mit animalischer Kost zu füttern und man sollte einmal wöchentlich ein Mineralstoff- und Vitaminpräparat über das Futter streuen.

15–18 cm | Typ D/G SCL x 5/ WH SCB x 4–5 | L 24–28 °C/ WS 35 °C/W 22–25 °C | nein

Deirochelys reticularia reticularia LATREILLE, 1801

Langhals-Schmuckschildkröte

Verbreitung und Lebensraum: USA: Mississippi und SO-Louisiana bis N-Florida sowie SO-Virginia. Kleinere Teiche und Seen, Zypressensümpfe und Tümpel. Seltener in Fließgewässern.
Aussehen: Carapax gewöhnlich olivfarben bis braun mit linienhaften Furchen und einem Netz gelbgrüner Linien. Zeichnung verschwindet im Alter zugunsten einer dunkel olivfarbigen bis fast schwarzen Färbung. Randschilder und Plastron gelb, Weichteile und Kopf graugrün. Am Hals orangegelber Streifen, der unterhalb des Auges beginnt. Weitere, dünnere, orangegelbe Längsstreifen am Kopf, Hals und den Gliedmaßen. Auf der Brücke häufig längliche dunkle Balken oder Flecken. Hals erreicht etwa 80 % der Carapaxlänge! Spitze, scharfe Krallen. Männchen mit längerem und dickerem Schwanz.
Pflege/Vermehrung: Allesfresser, die jedoch tierische Kost bevorzugen. Man kann einem Männchen 2–3 Weibchen beifügen. Eine Überwinterung kann bei Temperaturen zwischen 4–8 °C erfolgen. Anschließend sind oft Paarungen zu beobachten. Die Weibchen legen zwischen 5–15 Eier. Sie sind künstlich zu bebrüten. Bei Temperaturen von 25–30 °C schlüpfen Jungtiere nach etwa 60–70 Tagen. Vor allem bei Jungtieren ist auf sauberes Wasser zu achten. Ihre Aufzucht erfolgt mit Wasserflöhen, kleinen Regenwürmern, Mückenlarven und kleinen Fleischstückchen.

40 cm	Typ D/G SCC x 5/ WH SCB x 4–5	L 24–28 °C/ WS 35 °C/W 22–24 °C	nein

Elseya dentata (Gray, 1863)

Elseya-Schildkröte

Verbreitung und Lebensraum: Australien: Queensland (O-Queensland, SO-Cape-York-Halbinsel), Nordterritorium (Arnheimland), Westaustralien (Kimberley-Region). Große Flüsse und nahe gelegene Lagunen, aber auch andere Gewässer, selbst Viehtränken.

Aussehen: Der ovale, flache Carapax ist hinter der Mitte gewöhnlich am breitesten. Die Wirbelschilder sind meist breiter als lang. Ihr Rückenpanzer ist olivbraun bis dunkelbraun oder schwarz. Bauchpanzer ist lang und schmal, die Brücke breit. Plastron und Brücke wechseln mit zunehmendem Alter ihre Farbe von cremegelb bis graubraun oder schwarz. Ihr Schädel ist recht groß, etwas zugespitzt und mit starken Kiefern ausgestattet. Die Kopfoberseite besitzt anstelle der glatten Haut große hornige Platten. Zwei Kinnbarteln. Jungtiere haben einen rundlichen, im hinteren Bereich gesägten Carapax und einen Mittelkiel. Kopf, Hals und Gliedmaßen sind grau bis oliv oder dunkelbraun. An den Kopfseiten sind breite helle Streifen vorhanden, die hinter dem Auge beginnen und zum Nacken verlaufen. Die Kiefer sind gelb und hornfarben. Männchen erkennt man an ihrem längeren und dickeren Schwanz.

Pflege/Vermehrung: Allesfresser, die nicht nur Wasserpflanzen sondern auch animalische Kost verzehren. Man sollte sie nach Geschlechtern getrennt halten. Ein Gelege besteht gewöhnlich aus 3 bis 10 Eiern. Die länglichen Eier haben eine Kalkschale und messen 48 bis 50 x 27 bis 28 mm. Bei 28–32 °C schlüpfen Jungtiere nach 4–8 Monaten.

25–26 cm | Typ D/G SCL x 6/ WH SCB x 2–3 | L26–28 °C/ WS 35 °C/W 25–26 °C | nein

Emydura subglobosa KREFFT, 1876

Rundliche Spitzkopfschildkröte

Verbreitung und Lebensraum: Australien: Nördlichste Spitze der Cape York-Halbinsel, vor allem jedoch in Neuguinea: Papua-Neuguinea, Westpapua (Irian Jaya, Indonesien). Große Flüsse der tropischen Monsun-Regenwaldgebiete und angrenzenden Savannen, aber auch Gewässer in deren Randbereichen.

Aussehen: Carapax braun, hinten breiter als vorne. Bei erwachsenen Exemplaren Rückenpanzer etwas gewölbt, aber kiellos. Jungtiere noch deutlich mit Kiel. Besitzen gut entwickeltes Nackenschild. Wirbelschilder breiter als lang. Hintere Randschilder glatt. Unterseite der Randschilder rot. Plastron gelb, schmal, hinten gekerbt, seitlich breiter Streifen rötlicher Pigmente. Kopf oliv. Gelber Streifen zieht von der Schnauzenspitze übers Auge bis zum Trommelfell. Unterkiefer kann ebenfalls gelben Streifen aufweisen. Vom Unterkiefer zum Hals unterbrochener roter Streifen. Halsoberseite dunkelgrau, Unterseite heller grau gefärbt, rötlicher Streifen. Oberseite der Gliedmaßen gräulich, Unterseite weiß mit roten Streifen. Oberseite der Vorder- und Hinterbeine eine Reihe schmaler, horizontaler Schuppen. Männchen längeren Schwanz und Kloakenöffnung weiter nach hinten verlagert.

Pflege/Vermehrung: Allesfresser, die jedoch tierische Kost bevorzugen. Gruppenhaltung (1 Männchen, 2–3 Weibchen). Weibchen legen meist 8–11 Eier, maximal 20 Eier. Bei 28–30 °C und hoher Luftfeuchtigkeit schlüpfen Jungtiere nach 48–49 Tagen.

bis 20 cm | Typ D/G SCL x 8/ WH SCB x 4–5 | L 22–26 °C/ WS 35 °C/W 20–25 °C | ganzjährig

Emys orbicularis LINNAEUS, 1758

Europäische Sumpfschildkröte

Verbreitung und Lebensraum: Europa, Nordafrika, Kleinasien. Vegetationsreiche Kleingewässer, Gräben und langsam fließende Bäche, Teiche, Seen und viele andere Gewässer.
Aussehen: Carapax relativ flach, schwarz bis schwarzbläulich und mehr oder weniger gelblich gefleckt, gestrichelt oder punktiert. Plastron einfarbig gelblich oder mit unregelmäßigen braunen oder schwarzen verwaschenen Flecken und Tupfen. Weichteile und Kopf schwarz und ebenfalls gelb getupft. Später bildet sich ein Scharnier. Männchen haben eine dickere Schwanzwurzel, ihr Plastron ist konkav geformt.
Pflege/Vermehrung: Diese Schildkröten sind besonders gut für eine Freilandhaltung geeignet. Der Teich muss ausbruchsicher umfriedet werden. Darin können die Schildkröten auch überwintern. Sie verzehren vor allem tierische Kost, hin und wieder auch Wasserpflanzen etc. Man hält sie in Gruppen, wobei doppelt so viele Weibchen wie Männchen vorhanden sein müssen. Für etwa 4–5 Monate sollten die Tiere bei Temperaturen von 4–6 °C überwintern können. Nach der Überwinterung beginnt die Paarungszeit. Die Weibchen legen 3–16, maximal 18 Eier. Sie sind zu bergen in einen Brutapparat zu überführen. Bei 26–29 °C schlüpfen Jungtiere nach 51–88 Tagen. Bei 25–28 °C schlüpfen männliche, bei 29,5–30 °C weibliche Nachkommen. Jungtiere sind in den ersten drei Jahren in einem Aquaterrarium, im Sommer in einem Freilufttterrarium aufzuziehen. Sie verzehren ausschließlich tierische Nahrung.

bis 35 cm | Typ I/G SCL x 8/ WH flache Schale | L 25–28 °C/WS 35 °C | warme Sommermonate

Geochelone elegans (SCHOEPFF, 1795)

Indische Sternschildkröte

Verbreitung und Lebensraum: Pakistan, Indien, Sri Lanka. Lebt in sehr unterschiedlichen Habitaten. Auf Sri Lanka gehören dazu Sanddünen, Buschwälder, Gestrüppwälder und verwilderte Parks. In Indien auch Kulturfolger, dort aber ebenfalls im Bereich von Ödländern, Wüsten, Stränden und Plantagen.

Aussehen: Carapax länglich, stark gewölbt. Randschilder hinten nach außen gebogen, gesägt. Wirbel- und Rippenschilder auffallend kegelförmig. Dunkler Carapax mit bis zu acht gelben Streifen pro Schild, die strahlenförmig ausgehen und ein sternförmiges Muster bilden. Es reicht über die Marginalschilder bis zum Bauchpanzer. Gliedmaßen plump, auf den Oberschenkeln kegelförmige Tuberkel. Beine gelb. Schwanzende mit horniger Schuppe. Kopf gelb, stark gefleckt. Entlang der Nähte schwarze Flecken. Männchen dickeren, längeren Schwanz. Weibchen können größer werden.

Pflege/Vermehrung: Vegetarier. Man hält die attraktiven Schildkröten in Gruppen, bei denen die Weibchen jedoch überwiegen müssen. Innerhalb des Terrariums muss sich eine flache Wasserschale befinden, in der sie auch baden können. Die Weibchen legen am Anfang oft 5–9, max. 10, später 1- 4 Eier. Bei Temperaturen von 26–30 °C schlüpfen Jungtiere nach 109–147 Tagen. Zur Inkubation eignen sich Heimchendosen mit 3 cm feuchtem Vermiculit, darüber 3 cm Kies. Anfangs bebrütet man die Eier bei 34 °C, nach 80 Tagen bei 28 °C. Die Jungtiere schlüpfen nach 86 bis 123 Tagen. Abwechslungsreich füttern!

35–40 cm | Typ C/G SCL x 6/ WH SCB x 4–5 | L 25–28 °C/ WS 35 °C/W 24–26 °C | nein

Geoclemys hamiltonii (Gray, 1831)

Strahlen-Dreikielschildkröte

Verbreitung und Lebensraum: Pakistan, N-Indien, S-Nepal und Bangladesch (Flusssysteme von Indus, Brahmaputra und Ganges). Vor allem große, flache stehende und ruhige Gewässer; Wasserreservoirs, Teiche und Viehtränken.

Aussehen: Carapax braun bis schwarzbraun, recht hoch. Drei Längskiele, die auch im Alter noch sichtbar bleiben. Erstes Wirbelschild länger als breit. Auf den einzelnen Carapaxschilden findet man gelbe Punkte und Strichzeichnung, manchmal strahlenförmig. Das Plastron ist blassgelb bis bräunlich mit längs verlaufender, dunkler Strichzeichnung, vor allem an den Brust- und Bauchschilden. Kopf und Gliedmaßen graubraun bis schwarz, mit gelben bis orangefarbenen Flecken. Auf letzteren sind die gelben Flecken etwas kleiner. Übrige Weichteile rosafarben bis dunkelbraun. Vorderseite der Vorderbeine manchmal breite, bandartige Schuppen. Zehen völlig mit Schwimmhäuten versehen. Männchen leicht konkaven Bauchpanzer, dickeren Schwanz. Jungtiere deutlich heller gefärbt als Erwachsene.

Pflege/Vermehrung: Allesfresser mit Vorliebe für tierische Kost. Man hält die Geschlechter getrennt und setzt sie nur zur Paarung zusammen. Die Weibchen können auf dem Landteil 9–22 Eier legen, die man bergen und künstlich bebrüten muss. Bei einer Temperatur von 30 °C schlüpfen Jungtiere nach etwa 75–76 Tagen. Die Jungtiere sollte man bei Beißerein sofort trennen und einzeln aufziehen. Sie verzehren ausschließlich tierische Kost.

15–17 cm | Typ D/G SCL x 6/ WH flache Schale | L 20–25 °C | nein

Geoemyda japonica
FAN, 1931

Okinawa-Zacken-Erdschildkröte

Verbreitung und Lebensraum: Japan (Riukiu-Inseln). Lebt in großen, feuchten Wäldern auf dem mit Laub und Holz bedeckten Boden. Suchen hin und wieder flache Pfützen etc. auf.

Aussehen: Carapax länglich, leicht gewölbt und mit flacher Oberseite. Es sind drei Längskiele vorhanden. Mittelkiel besonders ausgeprägt. Kiele werden im Alter zurückgebildet. Oberfläche der Schilde leicht aufgeraut. Die Färbung kann dunkelorangefarben, dunkelgelb, kastanienbraun, hin und wieder auch rötlich sein. Längskiele immer etwas dunkler. Kopf und Hals zwischen gelborange und braunrot. Rötliche oder gelbe unregelmäßige Streifen bedecken die Schnauze und die Kopf- und Halsseiten. Männchen mit längerem Schwanz.

Pflege/Vermehrung: Allesfresser, die sowohl vegetarische als auch animalische Kost verzehren. Man hält sie einzeln und setzt sie nur zur Paarung zusammen. Innerhalb des Terrariums muss sich eine flache Wasserschale befinden. In sehr großen Terrarien kann sich auch ein flacher Wasserteil befinden. Eine 2-monatige Überwinterung erfolgt am besten bei Temperaturen von 8–12 °C. Anschließend erfolgen Paarungen. Weibchen legen 4–6 durchschnittlich 45 x 30 mm große Eier Bei Bruttemperaturen von 28 ± 2 °C schlüpfen Jungtiere nach circa 60 Tagen. Jungtiere sollte man einzeln aufziehen und abwechslungsreich füttern, vor allem mit lebender Kost (Würmer, Insektenlarven). Verzehren aber nach einer Gewöhnungszeit auch Geleefutter und Futtersticks.

9–13 cm | Typ D/G SCL x 6/ WH flache Schale | L 18–23 °C | nein

Geoemyda spengleri (GMELIN, 1789)

Chinesische Zacken-Erdschildkröte

Verbreitung und Lebensraum: S-China, einschließlich der Insel Hainan, bis N- und Z-Vietnam. Feuchte montane Waldregionen mit Falllaub und Unterwuchs. Dort herrscht gewöhnlich ein feucht-kühles Klima und nahezu täglich regnet es.

Aussehen: Der Carapax ist sehr flach, länglich, hell- bis dunkelbraun, manchmal mehr gelblich, rötlich, grünlich oder schwärzlich. Erinnern an ein abgestorbenes Blatt. Der Hinterrand ist stark gesägt. Die Schildkröten haben einen Mittelkiel und zwei seitliche Kiele. Plastron dunkelbraun bis schwarz, gelblichweißen Rand. Unterseite der Marginalschilde roter Strich. Kopf bräunlich mit hakenförmigem Schnabel, Augen nach vorne gerichtet, können sich unabhängig voneinander bewegen. Weibchen und Jungtiere am Kopf und Hals gelbe Längsbänder, rote und blaue Flecken oder Schnörkel, Männchen ohne diese Zeichnung. Gliedmaßen kräftig und mit starken Krallen. Beim Männchen Kloakenöffnung weiter vom Hinterrand des Panzers entfernt.

Pflege/Vermehrung: Die Fleischfresser bevorzugen bewegliche Nahrung. Man hält sie einzeln und setzt sie nur zur Paarung zusammen. Innerhalb des Terrariums muss sich eine flache Wasserschale befinden. Eine 2-monatige Überwinterung erfolgt am besten bei Temperaturen von 8–12 °C. Anschließend erfolgen Paarungen. Weibchen legen 1–2, maximal 3 Eier. Bei einer Temperatur von 28 °C schlüpfen Jungtiere nach circa 66 Tagen, bei 25 °C nach 73 Tagen. Die relative Luftfeuchtigkeit sollte bei 95 % liegen.

13–23 cm | Typ D/G SCL x 8/ WH SCB x 1 | L 22–26 °C/ WS 35 °C/W 20–25 °C | warme Sommermonate

Glyptemys insculpta LE CONTE, 1830

Waldbachschildkröte

Verbreitung und Lebensraum: SO-Kanada bis USA (O-Minnesota und NO-Iowa bis N-Virginia und Maine). Kleingewässer in Laub- und Mischwäldern, aber auch Seen, Teiche, Bäche, Flüsse, Sümpfe und Feuchtwiesen. Recht terrestrisch, unternehmen ausgedehnte Wanderungen.
Aussehen: Carapax dunkelbraun, hinten gesägt, höckerförmiger Längskiel. Rückenschilde besitzen, von ihrem Mittelpunkt ausgehend, konzentrisch verlaufende Ringe und gleichzeitig strahlenförmige Furchen. Plastron gelblich, hinten stumpfwinkelig eingeschnitten, auf jedem Schild findet man auf der äußeren, hinteren Ecke einen dunklen Fleck. Gliedmaßen oben dunkelbraun-oliv, Kopfunterseite orange. Selten sind Exemplare mit Rotzeichnung an Kopf und Beinen. Füße mit Krallen und nur angedeuteten Schwimmhäuten. Plastron bei Weibchen konvex, Männchen auf den Vorderbeinen größere und gröbere Schuppen und stärker entwickelte Krallen.
Pflege/Vermehrung: Allesfresser mit Vorliebe für animalische Kost. Man kann sie in Gruppen halten, besser ist jedoch eine Einzelhaltung. Zur Fortpflanzung ist es günstig, vorher eine etwa 3 Monate dauernde Überwinterung bei Temperaturen von 4–6 °C durchzuführen. Anschließend setzt man Männchen zu den Weibchen. Die Weibchen können 4–12, maximal 18 Eier legen. Bei 25–28 °C und sehr hoher Luftfeuchtigkeit bebrütet, schlüpfen Jungtiere gewöhnlich nach 53–54 Tagen. Ihr Schlupf kann sich jedoch auch um einige Tage herauszögern.

7,5–11,5 cm | Typ D/G SCL x 6/ WH SCB x 1 | L 22–26 °C/ WS 35 °C/W 20–25 °C | warme Sommermonate

Glyptemys muhlenbergii SCHOEPFF, 1801

Moorschildkröte

Verbreitung und Lebensraum: USA: W-Massachusett, W-New York und W-Pennsylvania bis SW-North Carolina, W-South Carolina und N-Georgia. Flache Tümpel, Seen und Teiche, Sumpfbereiche und mit Torfmoos bewachsene Moore, insbesondere in Mittelgebirgslagen.
Aussehen: Carapax braun bis mahagonifarben, Hinterrand nicht gesägt. Rückenschilder können gelbliche oder rötliche Zentren aufweisen. Plastron dunkelbraun bis schwarz, Mittelteil aufgehellt. Charakteristischer gelber, orangefarbener oder rötlicher große Fleck hinter dem Auge. Die Weichteile sind braun, oben rot gesprenkelt, unten rötlich. Männchen besitzen einen dickeren Schwanz und einen konkav geformten Plastron.

Pflege/Vermehrung: Die Schildkröten verzehren vor allem tierische Kost, selten auch Pflanzenteile. Man hält sie am besten einzeln. Von November bis Januar sollte man sie bei 4–6 °C überwintern. Anschließend setzt man die Männchen zu Weibchen. Bald erfolgen Paarungen. Weibchen können 1–4, maximal bis 6 Eier legen. Man bettet sie in feuchtes *Sphagnum*-Torfmoos (nicht Moos!) und bebrütet sie bei Temperaturen zwischen 27 und 29 °C. Jungtiere schlüpfen dann nach etwa 52–56 Tagen. Sind möglichst einzeln aufzuziehen und bevorzugen bewegliche Nahrung (Regenwürmer, Insekten), verzehren aber auch Rindfleischstückchen und gekochtes Geflügelfleisch. Andere tierische Nahrung ist ihnen ebenfalls anzubieten, um sie abwechslungsreich zu ernähren. Im Sommer zeitweise im Freiland halten (natürliches Sonnenlicht).

13–33 cm | Typ D/G SCL x 6/ WH SCB x 4 | L 23–27 °C/ WS 35 °C/W 22–25 °C | nein

Graptemys barbouri CARR & MARCHAND, 1942

Barbours Höckerschildkröte

Verbreitung und Lebensraum: USA: Flusssysteme des Apalachicola und des Chipola im SO-Alabamas, SW-Georgias und W-Floridas. Lebt in klaren Strömen mit kalkgesteinhaltigem Untergrund und Sonnenbademöglichkeiten.

Aussehen: Erwachsene Männchen behalten gewöhnlich ihre Jugendfärbung und -zeichnung. Weibchen werden immer mehr von dunklen Flecken bedeckt. Die stark entwickelten Hornscheiden am Oberkiefer ragen manchmal über die Weite der Nasenlöcher hinaus oder sind in gleicher Höhe. Jungtiere haben ausgeprägtere „Höcker" auf dem Rücken. Männchen erkennt man am kräftigeren Schwanz.

Pflege/Vermehrung: Allesfresser mit Vorliebe für tierische Kost. Obwohl man sie auch in Gruppen (1 Männchen, 2–4 Weibchen) halten kann, empfiehlt sich die Einzelhaltung. Im Winter hält man sie nur etwas kühler und setzt anschließend die Männchen zu den Weibchen. Sobald die Temperaturen wieder angestiegen sind, erfolgen Paarungen. Weibchen können 8–9 Eier legen, die man unterschiedlich inkubieren kann. Bei Temperaturen von 25–30 °C schlüpfen Jungtiere nach circa 60–75 Tagen. Da man vorwiegend Weibchen erbrüten sollte, ist eine Inkubation bei 30–32 °C erforderlich, denn bei niedrigeren Temperaturen schlüpfen Männchen. Jungtiere kann man gemeinsam aufziehen. Dann gehen sie auch besser an das Futter, da ein großer Futterneid herrscht. Besonders gerne fressen sie lebende Tiernahrung, wie Wasserflöhe, Mückenlarven, Regenwürmer und Ähnliches.

13–29 cm | Typ D/G SCL x 6/ WH SCB x 4 | L 23–27 °C/ WS 35 °C/W 22–25 °C | nein

Graptemys ernsti LOVICH & MCCOY, 1992

Escambia-Höckerschildkröte

Verbreitung und Lebensraum: USA: Flüsse Yellow, Escambia, Conecuh und Shoal in SO-Alabama und NW-Florida. Sie lebt in größeren und mittelgroßen Flüssen.

Aussehen: Der relativ hoch gewölbte Carapax besitzt auf der Oberseite eines jeden Randschildes einen einzelnen vertikalen gelben Balken. Die unteren Randschilder grenzt ein dunkler breiter Saum ab, manchmal werden aus dem dunklen Saum auch Halbkreise gebildet. Das Plastron ist gelb. Ein großer gelber Fleck befindet sich zwischen den Augen und läuft zur Schnauze hin dreizackig aus. Große Flecken findet man hinter den Augen. Sie kommen aber nicht mit dem Interorbitalflecken in Kontakt. Nackenstreifen sind breit und relativ gleichmäßig. Dazwischen befinden sich feine Linien. Schwanz und Gliedmaßen ebenfalls gestreift. Männchen erkennt man am kräftigeren Schwanz. Weibchen haben einen breiteren Kopf.

Pflege/Vermehrung: Die Allesfresser verzehren vor allem tierische Kost. Einzelhaltung empfehlenswert. Ab November hält man sie bis Ende Dezember nur etwas kühler und erhöht dann wieder die Temperaturen. Zu diesem Zeitpunkt setzt man die Männchen zu den Weibchen für die Paarungen. Weibchen können 5–7 Eier legen, die man künstlich bebrüten muss. Bei Temperaturen von 25–30 °C schlüpfen Jungtiere nach circa 62–78 Tagen. Jungtiere kann man gemeinsam aufziehen. Besonders gerne fressen sie lebende Tiernahrung, wie Wasserflöhe, Mückenlarven und Regenwürmer, aber auch Fleischstückchen.

9–18 cm | *Typ D/G SCC x 5/ WH SCB x 4–5* | *L 24–26 °C/ WS 35 °C/W 20–24 °C* | *nein*

Graptemys flavimaculata CAGLE, 1954

Gelbtupfen-Höckerschildkröte

Verbreitung und Lebensraum: USA: Mississippi, Pascagoula-Flusssysteme. Langsam fließende Flüsse mit vorwiegend sandigem Untergrund.
Aussehen: Der Carapax ist dunkeloliv bis dunkelbraun und besitzt auf jedem Schild einen großen, gelbbraunen Fleck. Der gezackte Kiel hat vor allem auf dem 2. und 3. Wirbelschild besonders kräftige Höcker. Auf dem sehr hell cremefarbenen Bauchpanzer findet man entlang der Nähte ein schwarzes Muster, das eine symmetrische Figur bildet. Die Weichteile sind dunkeloliv bis schwarz mit gelborangefarbenen Streifen. Männchen haben eine dickere Schwanzwurzel und einen längeren Schwanz sowie verlängerte Krallen an den Vorderbeinen. Die Augen sind gelb und durch die Iris zieht ein schwarzbrauner Streifen. Die großflächige Hinteraugenmarkierung erinnert etwas an ein Rechteck.
Pflege/Vermehrung: Nur selten werden einmal pflanzliche Bestandteile verzehrt. Hauptsächlich gehört animalische Kost zu ihrer Nahrung. Man kann diese Höckerschildkröten in Gruppen (1 Männchen, 2–3 Weibchen) halten. Im Winter sollten die Temperaturen deutlich niedriger sein, anschließend das Wasser gewechselt und die Temperaturen des Wassers und der Luft wieder erhöht werden. Unter diesen Bedingungen kommt es bald zu Paarungen. Die Weibchen legen meist zwischen 3–6 Eier. Bei Bruttemperaturen von 24–26 °C dauert es bis zum Schlupf der Jungtiere etwa 60 Tage. Dabei handelt es sich um Männchen, da Weibchen bei Temperaturen von 30–32 °C entstehen.

15–27 cm | Typ D/G SCL x 6/ WH SCB x 4 | L 23–27 °C/ WS 35 °C/W 22–25 °C | nein

Graptemys ouachitensis CAGLE, 1953

Ouachita-Höckerschildkröte

Verbreitung und Lebensraum: USA: Minnesota bis West Virginia, Louisiana und bis zum mittleren Oklahoma. Stehende und fließende Gewässer aller Art mit zum Teil dichter Vegetation.
Aussehen: Carapax oliv bis braun. Der Mittelkiel bildet auf dem zweiten Wirbelschild eine leichte Erhebung. Helle ovale Ringe findet man auf den Rippenschildern und der Ober- und Unterseite der Randschilder. Hinterrand des Panzers gesägt. Bauchpanzer gelblich, manchmal dunkel gefleckt. Weichteile oliv und mit zahlreichen gelben Streifen. Besonders auffällig ist ein hinter dem Auge senkrecht nach unten verlaufender gelber, in einem länglichen gelben Fleck endender Nackenstreifen. Männchen haben einen dickeren Schwanz. Man kennt zwei Unterarten, die sich anhand der Nackenstreifen (1–3 oder 5–9) unterscheiden.
Pflege/Vermehrung: Allesfresser, die tierische Kost jedoch bevorzugen. Man kann die Schildkröten in Gruppen halten. Im Sommer ist eine Freilandanlage von Vorteil. Weibchen können innerhalb einer Saison zwei Gelege produzieren. Die 6–8 Eier sind künstlich zu bebrüten. Bei 28–32 °C und hoher Luftfeuchtigkeit schlüpfen Jungtiere nach etwa 70–80 Tagen. Auch Jungtieren sollte man im Sommer eine natürliche Vitamin-D-Synthese ermöglichen und kann sie dazu z. B. in einer Kunststoffwanne halten. Diese muss oben jedoch mit einem Drahtgitter abgedeckt werden. Jungtiere verzehren am liebsten Kleinlebewesen, wie Wasserflöhe, Mückenlarven und kleine Regenwürmer.

15–28 cm | Typ D/G SCL x 6/ WH SCB x 4 | L 23–26 °C/ WS 35 °C/W 22–25 °C | warme Sommermonate

Graptemys pseudogeographica pseudogeographica GRAY, 1831

Falsche Landkarten-Höckerschildkröte

Verbreitung und Lebensraum: USA: Flusssysteme des Missouri und des oberen Mississippi, nordwärts bis zum südlichen North Dakota und nordwestlichen Ohio. Stehende und langsam fließende Gewässer aller Art.

Aussehen: Carapax oliv bis braun, auf den Rippenschildern netzförmige Zeichnung. Marginalschilder mit hellen Linien. Mittelkiel kräftig, endet auf dem zweiten und dritten Wirbelschild mit dunklerem Sporn. Er ist bei Jungtieren deutlicher ausgeprägt. Panzerhinterrand gesägt. Plastron hellgelblich, zwei dunkle Linien bilden symmetrische Figur, wird mit fortschreitendem Alter immer blasser. Dunkle Linien auch auf der Brücke und Unterseite der Randschilde. Weichteile grau bis oliv, gelbe Streifen an Hals und Gliedmaßen. Gelbe hintere Augenlinie schmal. Kiefer ohne vergrößerte Flecken, Beine wenige Streifen. Charakteristischer kleiner gelber Hinteraugenfleck, endet in Augenhöhe. Auge mit dunkler horizontaler Linie. Männchen längeren und dickeren Schwanz, lange Krallen an den Vorderbeinen. Kopf wirkt kleiner als bei Weibchen.

Pflege/Vermehrung: Allesfresser, die jedoch Animalisches bevorzugen. Man kann sie in Gruppen (1 Männchen, 2–3 Weibchen) halten und immer wieder Paarungen beobachten. Überwinterung: 8–10 Wochen bei 4–8 °C. Weibchen legen 4–15 Eier. Bei Temperaturen von 28–32 °C schlüpfen Jungtiere nach etwa 90 Tagen. Bei 22,5–28 °C schlüpfen männliche, bei 30–33 °C weibliche Nachkommen.

13–26 cm | Typ D/G SCL x 6/ WH SCB x 4 | L 23–26 °C/ WS 35 °C/W 22–25 °C | warme Sommermonate

Graptemys pseudogeographica kohnii (BAUR, 1890)

Mississippi-Höckerschildkröte

Verbreitung und Lebensraum: USA: O-Texas bis SO-Kansas, W-Mississippi, S-Illinois und dem unteren Missouri River in Missouri. Stehende und langsam fließende Gewässer mit meist dichter Vegetation.

Aussehen: Carapax oliv bis braun, auf den Rippenschildern netzförmige Zeichnung. Marginalschilder mit hellen Linien. Mittelkiel kräftig, endet auf dem zweiten und dritten Wirbelschild mit dunklerem Sporn. Er ist bei Jungtieren deutlicher ausgeprägt. Panzerhinterrand gesägt. Plastron hellgelblich, zwei dunkle Linien bilden symmetrische Figur, wird mit fortschreitendem Alter immer blasser. Dunkle Linien auch auf der Brücke und Unterseite der Randschilde. Weichteile grau bis oliv, gelbe Streifen an Hals und Gliedmaßen. Diese Unterart unterscheidet sich im Wesentlichen durch die sichelförmige, gelbe Zeichnung hinter dem Auge und dem Fehlen der dunklen Augenlinie von der zuvor beschriebenen Nominatform.

Pflege/Vermehrung: Allesfresser, die jedoch Animalisches bevorzugen. Man kann sie in Gruppen (1 Männchen, 2–3 Weibchen) halten. Überwinterung: 8–10 Wochen bei 4–8 °C. Weibchen legen 2–7 Eier. Bei einer Temperatur von 27 °C Schlupf schlüpfen Jungtiere nach 72 Tagen. Bei 22,5–28 °C schlüpfen männliche, bei 30–33 °C weibliche Nachkommen. Man kann Jungtiere in Gruppen aufziehen. Diese Schildkröten werden besonders häufig gehalten und meist als Jungtiere erworben. Sie gelten als recht pflegeleicht.

40–44 cm	Typ C/G SCL x 6/ WH SCB x 1	L 23–26 °C/ WS 35 °C/W 22–26 °C	nein

Heosemys grandis GRAY, 1860

Riesen-Erdschildkröte

Verbreitung und Lebensraum: Myanmar, S-Vietnam, Kambodscha, S-Laos, südwärts über S-Myanmar bis zur Malaiischen Halbinsel (Thailand, Malaysia). Ströme, Flüsse, Schwemmgebiete, Teiche und Tümpel sowohl im Hügel-, als auch Flachland.

Aussehen: Carapax braungelb, gewölbt mit geprägtem, flachen, hell abgesetzen Mittelkiel. Punktierte, strahlenartige Zeichnung verschwindet mit zunehmendem Alter. Carapaxhinterrand gesägt. Auf jedem Bauchpanzerschild strahlenförmige Zeichnung. Kopf und Gliedmaßen graubraun bis graugelb, bei jüngeren Exemplaren noch mit vielen kleinen schwarzen Tupfen und Fleckchen. Manche Exemplare leicht rötlichen Kopf. Scharf bekrallte Gliedmaßen, nur angedeutete Schwimmhäute. Männchen kräftigeren Kopf und dickere Schwanzwurzel.

Pflege/Vermehrung: Obwohl es sich um Allesfresser handelt, verzehren sie vorwiegend pflanzliche Kost. Am besten hält man die Geschlechter getrennt und Männchen einzeln. Nur zur Paarung setzt man es zu den Weibchen. Die Weibchen können zwischen 3–8, maximal bis 11 Eier legen. Diese sind zu bergen und künstlich zu bebrüten. Bei 27–30 °C schlüpfen die Jungtiere nach ungefähr 4 Monaten, bei 28 ° und einer relativen Luftfeuchtigkeit von fast 100 % schlüpfen sie nach 6 Monaten. Jungtiere kann man gemeinsam aufziehen. Anfangs verzehren sie bevorzugt tierische Kost, im vorangeschrittenen Alter immer mehr Pflanzenteile. Wöchentlich bestäubt man ihr Futter mit einem Mineralstoff- und Vitaminpräparat.

18–23 cm | Typ C/G SCL x 6/ WH SCB x 1 | L 23–26 °C/ WS 35 °C/W 22–26 °C | nein

Heosemys spinosa (Gray, 1831)

Stachel-Erdschildkröte

Verbreitung und Lebensraum: Borneo, Indonesien, Malaysia, Brunei, Sumatra und benachbarte Inseln, Sulu-Archipel und Mindanao (Philippinen). Lebt sowohl in Bergflüssen, aber auch in überfluteten Reisfeldern.

Aussehen: Carapax bei Erwachsenen braun und Hinterrand gesägt. Mittelkiel ist vorhanden. Der Bauchpanzer ist gelbbraun und hat eine schöne Strahlenzeichnung. Sie wird im Alter immer mehr zu einer einheitlich braunschwarzen Färbung. Bei Jungtieren bildet jedes Randschild noch einen nach außen weisenden Zacken. Kopf, Hals und Gliedmaßen haben eine hellbraune Grundfarbe. Im Schläfenbereich findet man rote Flecken, ebenso an den Gliedmaßen. Iris leuchtend rot. Männchen haben einen dickeren Schwanz.

Pflege/Vermehrung: Allesfresser, die auch Banane, überreife Birnen und sogar Ananas verzehren, aber auch tierische Kost. Jungtiere sind oft recht empfindlich. Eingewöhnte Exemplare sind gut haltbar. Wasser 23–26 °C, nachts etwa 20–24 °C. Halten sich sowohl an Land als auch im Wasser auf. Am besten hält man die Schildkröten nach Geschlechtern getrennt. Manchmal kann man in sehr großen Aquaterrarien mehrere Männchen gemeinsam halten. Bei Beißereien sind sie jedoch zu trennen. Weibchen legen zwischen 3–6 Eier. Bei Temperaturen um 30 °C und fast 100 % relative Luftfeuchtigkeit schlüpfen die Jungtiere nach etwa 120–130 Tagen. Sie verzehren am Anfang lediglich tierische Kost. Bei Aggressionen getrennt aufziehen.

7–11,4 cm | Typ H/G SCL x 5/ WH flache Schale | L 25–28 °C/WS 45 °C | nein

Homopus areolatus (Thunberg, 1787)

Areolen-Flachschildkröte

Verbreitung und Lebensraum: Südafrika: südlicher Teil der Kap-Provinz. Vor allem in mediterranen Klimabereichen mit heißen, trockenen Sommern und kühleren, regnerischen Wintern (etwa 250 mm Niederschlag). Am östlichen Kap lebt sie in Dickichten und Buschlandschaften.
Aussehen: Rückenpanzer häufig auffallend „ausgemeißelt“. Schildränder wirken tief radiert (geätzt), Mitte gekerbt. Erstes Wirbelschild fast quadratisch. Kiefer stark gekrümmt mit schwach gezacktem Rand. Nasenlöcher hoch an der Schnauze. Vorderbeine mit großen, überlappenden Schuppen bedeckt, jeder Fuß mit vier Zehen. Tuberkel fehlen am Hinterteil oder sehr klein. Schwanzende ohne Dorn. Carapax gelblich oliv bis grün, meist mit rotbraunen Areolen. Plastron gelblich, in der Mitte bräunlich. Jungtiere und erwachsene Weibchen dunkel gerandete Schilder. Männchen bleiben orangebraun, flaches Plastron und in der Paarungszeit leuchtend orange Nasalschuppen. Weibchen werden größer.
Pflege/Vermehrung: Diese Allesfresser bevorzugen pflanzliche Kost, verschmähen aber auch den ein oder anderen Regenwurm nicht. Man kann sie in Gruppen (1 Männchen, 2–3 Weibchen) halten, jedoch wird eine Geschlechtertrennung empfohlen. Im Terrarium sollte sich eine flache Wasserschale befinden, da die Tiere darin trinken und baden. Weibchen legen 2–3, maximal 5 Eier. Bei 29–30 °C und 80–90 % relativer Luftfeuchtigkeit schlüpfen Jungtiere nach circa 102–110 Tagen.

28–36 cm | Typ H/G SCL x 8/ WH flache Schale | L 25–28 °C/WS 45 °C | nein

Indotestudo elongata (Blyth, 1853)

Gelbkopfschildkröte

Verbreitung und Lebensraum: N-Indien und S-Nepal über Bangladesch, Myanmar, Thailand, Kambodscha, Vietnam und Laos bis China (Provinzen Guangxi und Yunnan) und zur nördlichen Malaiischen Halbinsel (Malaysia). Bewohnt bewaldete Bereiche in hügeligen bis bergigen Regionen. Soll bevorzugt in feuchten und kühlen Regionen (bis circa 12 °C) vorkommen, aber auch in heißen Gebieten (bis 40 °C).

Aussehen: Carapax länglich und schmal, bei ausgewachsenen Exemplaren im Mittelteil abgeflacht. Randschilder hin und wieder gesägt und hinten nach außen gebogen. Längliches Nackenschild vorhanden. Rückenpanzer gelb oder grünlich gelb mit unterschiedlicher Zahl schwarzer, unregelmäßiger Flecken. Randschildern große dunkle Flecken. Vorderbeine mit großen, geschindelten und spitzen Schuppen. Sporne auf den Oberschenkeln klein. Schwanz endet mit großem, hornigen Tuberkel. Kopfoberseite mit symmetrisch angeordneten Schuppen. Jungtiere gelber Carapax mit wenigen schwarzen Flecken auf Wirbel- und Rippenschildern. Randschilder auffallend gesägt und nach außen gebogen. Weibchen bleiben kleiner.

Pflege/Vermehrung: Auch diese Art ist eigentlich Allesfresser, frisst jedoch vorwiegend Pflanzenkost. Man kann sie in Gruppen von einem Männchen und 2–3 Weibchen halten. Ein Gelege umfasst meist 2–6, maximal bis 10 Eier. Bei einer Temperatur von circa 30 °C und hoher Luftfeuchtigkeit schlüpfen Jungtiere nach 120–140 Tagen.

19–22 cm | Typ H/G SCL x 8/ WH flache Schale | L 25–28 °C/WS 45 °C | warme Sommermonate

Kinixys belliana nogueyi (LATASTE, 1886)

Westafrikanische-Gelenkschildkröte

Verbreitung und Lebensraum: Westafrika vom Senegal bis Kamerun und zur Zentralafrikanischen Repubik. Feuchte Savannen, Wälder und Dickichte.

Aussehen: Carapax strohfarben, grünlich, gelblich oder rötlich braun, am Rand häufig hellere Ringe oder schwarze Fleckenzeichnung, im hinteren Teil, zwischen dem 7. und 8. Randschild, ein Gelenk. Hinterer Teil des Plastrons fällt von der Mitte des 5. Wirbelschildes an ab. Plastron fast durchgehend hornfarben mit einzelnen, symmetrisch angeordneten, dunkelbraunen Flecken. Jungtiere noch keine Anzeichen eines Gelenkes, lediglich geringfügige Verschiebung der Rand- und Rippenschilder im hinteren Teil. Jungtiere meist noch einfarbig. Das Plastron ist unregelmäßig gezeichnet, entlang der Mittelnaht findet man einen einfarbigen Streifen. Männchen dickeren, längeren Schwanz und konkav geformtes Plastron.

Pflege/Vermehrung: Diese Unterart wird am häufigsten gehalten. Sie verzehrt zwar vorwiegend Pflanzenteile, aber auch sehr gerne tierische Kost, wie Regenwürmer und Mehlkäferlarven. Man hält sie gewöhnlich in Gruppen. Männchen können untereinander sehr aggressiv werden. Eine Wasserschale zum Trinken und Baden darf nicht fehlen. Gewöhnlich legen Weibchen pro Gelege 2–4 Eier, selten mehr. Bei Temperaturen von 28–31 °C und einer relativen Luftfeuchtigkeit von 80 % schlüpfen Jungtiere nach etwa 90–120 Tagen. Jungtiere verzehren ebenfalls gerne animalische Kost.

30–32 cm | Typ H/G SCL x 8/ WH flache Schale | L 25–28 °C/WS 45 °C | nein

Kinixys erosa (SCHWEIGGER, 1812)

Stachelrand-Gelenkschildkröte

Verbreitung und Lebensraum: Gambia bis zur Demokratischen Republik Kongo und Uganda. Immergrüne Wälder, vor allem Marschgebiete.
Aussehen: Die Carapaxränder sind gewellt und nach oben gebogen, bei erwachsenen Exemplaren stachelig. Das hintere Ende fällt vom 5. Wirbelschild an ab. An jeder Seite befinden sich 11 Randschilder. Das vordere Ende des kräftigen Kehlschildes ragt deutlich über den Carapax hinaus. Die Färbung der Schildkröten variiert zwischen hellbraun bis fast schwarz. In der Mitte sind die Schilder häufig hellgelb und mit unregelmäßigen, sternförmigen hellgelben Flecken ausgestattet. Die Haut ist gelblich. Auf dem dunkelbraunen Plastron ziehen gelbe Linien entlang der Nähte. Bei Jungtieren findet man auf dem Carapax noch keine Anzeichen eines Gelenkes. Bei ihnen sind die Carapaxränder stachelig, der hintere Teil langsam abfallend. Ihre Färbung ist ziemlich einheitlich hellbraun. Sie werden mit zunehmendem Alter immer dunkler. Männchen erkennt man an ihrem dickeren, längeren Schwanz und dem konkav geformten Plastron.
Pflege/Vermehrung: Man kann sie in Gruppen halten. Die Schildkröten verzehren vorwiegend Pflanzenkost. Im Terrarium sollte sich eine flache Wasserschale befinden (Trinken und Baden). Weibchen legen meist 2–3, maximal 6 Eier. Bei Temperaturen von circa 30 °C und 80 % relativer Luftfeuchtigkeit schlüpfen Jungtiere nach 110–140 Tagen. Unbedingt abwechslungsreich füttern mit Mineralstoff- und Vitamingaben!

21–22 cm | Typ H/G SCL x 8/ WH flache Schale | L 25–28 °C/WS 45 °C | nein

Kinixys homeana BELL, 1827

Stutz-Gelenkschildkröte

Verbreitung und Lebensraum: Liberia bis Kamerun und der Demokratischen Republik Kongo. Immergrüne Wälder im Flachland. Vor allem Randgebiete und Lichtungen des Regenwaldes, aber auch in Plantagen anzutreffen.
Aussehen: Im Nackenbereich des Rückenpanzers findet man tiefe Kerben. Der Rücken ist gewöhnlich flach und von der Vorderseite des 5. Wirbelschildes an steil abfallend. Die vorderen Randschilder sind nach außen gebogen und vergrößert, die hinteren stachelig. Auf jeder Seite befinden sich 11 Randschilder. Der Carapax ist beweglich und mattbraun bis mattschwarz gefärbt. Manchmal findet man auf dem Carapax eine leichte Sternzeichnung. Bei Jungtieren hat der Rückenpanzer noch keine Anzeichen eines Gelenkes, und die Marginalschilder sind stachelig. Der Kopf ist braun oder gelb und relativ schmal. Männchen erkennt man an ihrem längeren, dickeren Schwanz und konkav geformten Plastron.
Pflege/Vermehrung: Allesfresser, die jedoch bevorzugt pflanzliche Nahrung verzehren, auch Früchte. Man kann sie in Gruppen (1 Männchen 2–3) halten. Eine Wasserschale darf bei ihnen nicht fehlen. Die Schildkröten benötigen im Terrarium schattige Stellen, an denen sie sich verbergen können. Die Weibchen produzieren gewöhnlich pro Gelege 2–4 Eier. Bei Temperaturen zwischen 27 und 32 °C sowie hoher Luftfeuchtigkeit schlüpfen Jungtiere nach 115–130 Tagen. Jungtiere müssen abwechslungsreich gefüttert werden. Vitamin- und Mineralstoffgaben erforderlich!

10–13 cm | Typ A/G SCL x 4/ WH SCB x 2 | L 22–26 °C/ W 20–24 °C | warme Sommermonate

Kinosternon baurii GARMAN, 1891

Dreistreifen-Klappschildkröte

Verbreitung und Lebensraum: USA: O-North Carolina und Virginia, SO-South Carolina entlang der Atlantikküste von Georgia südwärts zur Halbinsel Florida und den Keys. Alle möglichen stehenden Gewässer, Sumpfgebiete mit dichter Vegetation und weichem Bodengrund, auch in Brackwasser.

Aussehen: Carapax bräunlich bis schwarz, drei helle Längsstreifen. Kopfseiten je zwei helle Streifen. Marginalschilder mit hellem Fleck. Einige Exemplare können fast durchsichtige Carapaxschilde haben, sodass man Umrisse der Knochenplatten erkennt. Kiele fehlen, Panzerrand glatt. Plastron gelb bis hellbraun, einige verwaschene graue Flecken. Panzeröffnungen können fast völlig geschlossen werden. Kopf klein, konisch verlaufend, mit dunklen Makeln. Männchen kleiner, längeren und kräftigeren Schwanz mit Endnagel. Hornschuppen an den Innenseiten der Hinterbeine vergrößert: Kopulationshilfen.

Pflege/Vermehrung: Allesfresser, die jedoch tierische Kost bevorzugen. Man hält sie am besten einzeln oder zumindest nach Geschlechtern getrennt. Im Winter hält man sie lediglich für 4–6 Wochen einige Grad kühler und setzt anschließend die Männchen zu den Weibchen. Weibchen können später 1–5, maximal 8 Eier legen, die man vorsichtig bergen und künstlich ausbrüten muss. Bei 27 und 30 °C sowie 85–95 % relativer Luftfeuchtigkeit schlüpfen die Jungtiere nach etwa 130 Tagen. Jungtiere am besten einzeln aufziehen. Sie verzehren ausschließlich tierische Nahrung.

11–12 cm | Typ A/G SCL x 4/ WH SCB x 2 | L 22–26 °C/ W 22–26 °C | nein

Kinosternon cruentatum cruentatum Duméril & Bibron, 1851

Rotwangen-Klappschildkröte

Verbreitung und Lebensraum: Mexiko: Pazifikküste vom Isthmus von Tehuantepec bis El Salvador. Fließende und stehende Gewässer aller Art.

Aussehen: Der eiförmige Carapax ist grünlich, dunkelbraun bis fast schwarz und mit einem Mittelkiel ausgestattet. Zwei schwächere Kiele findet man über den Rippen, sie verschwinden im Alter jedoch meist. Das gelblich braune Plastron besitzt zwischen den Schildern dunkle Zuwachsstreifen und im hinteren Bereich keine oder nur eine sehr kleine Kerbe. Sehr attraktive Unterart. Ihre Kopfseiten besitzen hellrote oder orangerote Flecken. Auf dem Carapax findet man oft gelbe oder schwach rötliche, dunkel gerandete Säume. Das Plastron ist orange gefärbt und kann völlig geschlossen werden. Männchen haben einen deutlich dickeren und längeren Schwanz.

Pflege/Vermehrung: Die Schildkröten verzehren lediglich tierische Kost, vor allem bewegliche. Man hält sie am besten einzeln und setzt Paare nur unter Kontrolle zeitweise zusammen. Gut genährte Weibchen können bis zu 10 Eier legen. Künstlich bei 25–30 °C und hoher Luftfeuchtigkeit bebrütet, schlüpfen die Jungtiere in einem Zeitraum von 130–163 Tagen. Man sollte die Jungtiere einzeln aufziehen und sehr abwechslungsreich füttern. Besonders gerne verzehren sie Regenwürmer aber auch Rindfleischstückchen. Einmal wöchentlich wälzt man das Futter in einem Mineralstoff- und Vitaminpräparat und füttert bei sehr flachem Wasserstand.

10–12 cm | Typ A/G SCL x 4/ WH SCB x 2 | L 22–26 °C/ W 22–26 °C | nein

Kinosternon leucostomum DUMÉRIL & BIBRON, 1851

Weißmaul-Klappschildkröte

Verbreitung und Lebensraum: Mexiko (S-Veracruz), Guatemala, Panama, Kolumbien und W-Ecuador. Vegetationsreiche stehende Gewässer aller Art, auch im Brackwasser.

Aussehen: Der dunkelbraune Carapax hat nur bei jüngeren Exemplaren noch einen schwachen Mittelkiel. Eine leichte Längsrinne in der Carapaxmitte findet man dagegen oft bei alten Exemplaren. Das 9. und 10. Marginalschild sind höher gezogen als die übrigen Randschilder. Der flache, spitze Kopf wirkt langgezogen. Die Kieferregion ist sehr hell und der stark hakenförmige Oberkiefer nach unten gebogen. Ein heller Fleckenstreifen zieht vom Auge bis zum Hals. Die dunkelbraunen Weichteile hellen weiter unten auf. Am Kinn findet man kleine Barteln. Männchen haben einen längeren und dickeren Schwanz, aber keine vergrößerten Schuppen an der Innenseite der Hinterbeine. Ein kräftiger Endnagel ist vorhanden.

Pflege/Vermehrung: Verzehren ausschließlich tierische Kost und sollten einzeln gehalten werden. Zur Paarung setzt man Männchen für einige Zeit zu Weibchen. Gewöhnlich legen die Weibchen 1–4, maximal bis zu 6 Eier. Während der Entwicklung der Jungtiere legen sie oft eine Diapause ein, das heißt ihre Entwicklung stagniert für einige Zeit, sodass bei Temperaturen um 28 °C die Jungtiere nach 89–130 Tagen schlüpfen können. Es wurde auch beobachtet, dass die Jungtiere unter diesen Bedingungen erst nach 230 Tagen schlüpften. Bei 24–25 °C entstehen Männchen, bei 29 °C Weibchen. Jungtiere sollten einzeln aufgezogen werden.

30–37 cm | Typ C/G SCL x 6/ WH SCB x 4–5 | L 24–26 °C/ WS 35 °C/W 22–26 °C | nein

Lissemys punctata (LACÉPÉDE, 1788)

Indische Klappen-Weichschildkröte

Verbreitung und Lebensraum: Pakistan, Indien (Sikkim), Sri Lanka, Nepal und Bangladesh (Flusssysteme des Indus und Ganges) sowie Myanmar (Irrawaddy- und Salween-Flusssysteme). Lebt in ruhig fließenden Flüssen, Seen und Tümpel in der Nähe von Flüssen, aber auch Viehtränken, Reisfelder, Kanäle, Salzmarschen und selbst in Kleingewässern. Wichtig ist der weiche, sandige Bodengrund.

Aussehen: Carapax mäßig gewölbt, bei Erwachsenen oval, bei Jungtieren rund geformt. Die granulierte Haut auf dem Rücken bildet bei Jungtieren Längsfalten. Oberseite grau, grünlich bis bräunlich mit gelben, dunkel umrandeten Flecken. Plastron gelblich bis fleischfarben und zeichnungslos. Er weist sieben knochenartige Verdickungen auf. Im hinteren Bereich befinden sich häutige Lappen, die bei Gefahr völlig geschlossen werden können. Ihr vorderer Lappen ist mit einem Scharnier ausgestattet und kann ebenfalls völlig geschlossen werden. Am grünlichen Kopf befinden sich gelbe Flecken und eine recht kurze Schnorchelnase. Männchen bleiben deutlich kleiner als Weibchen. Der Schwanz ist kurz und erreicht selbst bei Männchen kaum den Hinterrand des Rückenpanzers, bei Weibchen ist er noch kleiner

Pflege/Vermehrung: Allesfresser mit Vorliebe für tierische Kost. Einzelhaltung! Weibchen legen meist 4–5 Eier. Bebrütet man die Eier bei 30–31 °C und hoher Luftfeuchtigkeit, schlüpfen Jungtiere nach 160–170 Tagen.

bis 23 cm | *Typ D/G* SCL x 6/ *WH* SCB x 2–3 | *L* 26–28 °C/ *WS* 35 °C/*W* 25–26 °C | nein

Macrochelodina parkeri Rhodin & Mittermeier, 1976

Parkers Schlangenhalsschildkröte

Verbreitung und Lebensraum: Neuguinea. Gras-Sümpfe um den Lake Murrey und Lake Balimo und um den Fly River und den Aramia River. Die Flachwasserzonen sind mit einer dichten Schwimmvegetation bedeckt.

Aussehen: Von allen anderen bekannten *Macrochelodina*-Arten unterscheidet sich *M. parkeri* durch das feine helle Schlingenmuster auf der Kopfoberseite und dem Unterkiefer. Außerdem hat sie einen auffälligen größeren hellen Fleck direkt hinter dem Trommelfell. Bei älteren Exemplaren kann dieses Zeichnungsmuster jedoch stark verblassen. Männchen erkennt man am konkav geformten Plastron und dem längeren, dickeren Schwanz.

Pflege/Vermehrung: Allesfresser, die jedoch tierische Kost bevorzugen. Man kann sie problemlos in Gruppen (1 Männchen, 2–3 Weibchen) halten. Die Schildkröten sind sehr stark an das Wasser gebunden. Im Verlauf einer Saison sollte man sie 1–2 Monate lediglich etwas kühler halten. Anschließend sind oft Paarungen zu beobachten, vor allem nach einem Wasserwechsel. Die Weibchen legen zwischen 7–11 Eier, die geborgen und künstlich bebrütet werden müssen. Bei Temperaturen zwischen 27–33 °C und hoher Luftfeuchtigkeit schlüpfen Jungtiere nach etwa 90–100 Tagen. Jungtiere sind vorsichtshalber einzeln zu halten und erst nach etwa einem Jahr mit gleichgroßen Artgenossen zu vergesellschaften. Sie benötigen bei der Aufzucht unbedingt eine abwechslungsreiche Nahrung. Fressen gerne lebende Nahrung.

14–24 cm | Typ D/G SCL x 6/ WH SCB x 4–5 | L 23–26 °C/ WS 35 °C/W 22–25 °C | nein

Malaclemys terrapin SCHOEPFF, 1793

Diamantschildkröte

Verbreitung und Lebensraum: USA, entlang eines schmalen Streifen entlang der Atlantikküste zwischen Cape Cod (Massachussetts) im Norden über die Florida Keys bis Corpus Christi (Texas) sowie auf den Bermudas. Brackwasserzonen, Lagunen, Buchten und Tümpel der Gezeitenzone.
Aussehen: Carapax schwarz, braun bis grau mit konzentrischen Wachstumsringen, wobei eine bemerkenswerte Oberfläche entsteht. Mittelkiel stark reduziert, Carapax-Hinterrand leicht gekerbt. Plastron gelblich, orange bis grünlich grau, oft mit dunklen Flecken unterschiedlicher Größe. Färbung der Weichteile je nach Unterart unterschiedlich und variiert zwischen Grau und Schwarz. Nominatform mit schwarzer Kopfoberseite, und von der Nasenspitze zum Mundwinkel zieht ein markanter, leicht geschwungener Streifen. Kiefer helle, kontrastreiche Färbung. Männchen bleiben kleiner als Weibchen. Diese erreichen 15 bis 23 cm und neigen zur Großköpfigkeit (Makrocephalie). Männchen längeren Schwanz und weiter vom Carapaxrand entfernt liegende Analöffnung. Jungtiere heller gemustert als erwachsene.
Pflege/Vermehrung: Bevorzugen tierische Kost. Einzelhaltung. Eine Überwinterung bei 4–8 °C ist zu empfehlen. Die Weibchen können zwischen 4–12 Eier legen, maximal sogar bis 18 Stück innerhalb der Saison. Bei 28 °C schlüpfen nach 55 bis 100 Tagen Männchen (oft mit Schildanomalien); bei 30–32 °C: 75 % Weibchen; Schlupf nach 54–59 Tagen, CL der Schlüpflinge 27 bis 32 mm.

15–20 cm | Typ H/G SCL x 4–5/ WH flache Schale | L 24–28 °C/WS 35 °C | warme Sommermonate

Malacochersus tornieri (SIEBENROCK, 1903)

Spaltenschildkröte

Verbreitung und Lebensraum: Kenia und Tansania: Isolierte Felsenhügel (Shopies) in der ostafrikanischen Dornbuschsavanne in Höhen zwischen 50 und 1800 m ü. NN. Panzer bietet den Schildkröten wenig Schutz, halten sich deshalb meist in und im Bereich von Felsspalten auf.
Aussehen: Carapax stark abgeflacht und recht dünn (Atmungsbewegungen sichtbar). Unverwechselbar! Meist 11, seltener 12 Randschilder je Seite. Carapax und Plastron hellbraun, manchmal undeutliche sternförmige Zeichnung. Jungtiere ähnlich. Plastron fleckenlos. Männchen dickeren und längeren Schwanz.
Pflege/Vermehrung: Obwohl sie fast ausschließlich vegetarisch leben, verschmähen sie hin und wieder auch tierische Kost nicht. Man kann sie gut in einer Gruppe von einem Männchen und 3–4 Weibchen halten. Mehrere Männchen kann man nicht halten, da sie untereinander sehr aggressiv sind. Eine Wasserschale wird zum Trinken und Baden aufgesucht. Die Weibchen legen gewöhnlich nur 1 Ei, seltener 2 Eier, dafür aber bis zu sechsmal innerhalb einer Saison. Bei Temperaturen zwischen 26,5 und 28 °C sowie hoher Luftfeuchtigkeit schlüpfen nach etwa 192–340 Tagen die Jungtiere, bei 27–30 °C nach 99–188 Tagen. Man kann den Schlupf durch Erhöhung der Luftfeuchtigkeit auslösen. Jungtiere müssen Kontakt mit der Darmflora der Eltern haben, damit sie sich selbst eine Darmflora aufbauen können. Völlig isoliert aufgezogen, kann es sein, dass sie zwar fressen, aber dennoch „verhungern“.

15–21 cm | Typ F/G SCL x 4/ WH flache Schale | L 23–26 °C | nein

Malayemys subtrijuga (Schlegel & Müller, 1844)

Mekong-Schnecken-Sumpfschildkröte

Verbreitung und Lebensraum: Südvietnam, S-Kambodscha, S-Thailand, S-Myanmar, Norden der Malayischen Halbinsel, Java und Indonesien. Lebt in Feuchtgebieten wie Kanäle, Reisfelder, kleine Tümpel und Teiche, Sümpfe etc. mit zum Teil dichter Vegetation.

Aussehen: Rückenpanzer schwach gewölbt. Drei angedeutete Längskiele. Mittelkiel verläuft über die Rückenmitte, die beiden Seitenkiele meist nur bis zum 3. Rippenschild. Rückenpanzer dunkel- bis hellkastanienbraun mit gelb eingefasstem Panzerrand. Längskiele etwas dunkler. Bauchpanzer gelb bis cremefarben und mit großen dunklen Fleck auf jedem Schild. Kopf schwarz und mit mehreren gelben bis weißlichen Streifen. Männchen haben einen dickeren Schwanz.

Pflege/Vermehrung: Diese Schildkröten verzehren vorwiegend tierische Kost, besonders gerne Wasserschnecken. Man sollte die Tiere grundsätzlich einzeln halten und nur zur Fortpflanzung kurz zusammensetzen, denn diese Schildkröten gelten anderen Artgenossen gegenüber als äußerst aggressiv. Tagsüber bleiben häufig versteckt und erscheinen in den frühen Morgenstunden oder am Abend. Neben Schnecken verzehren sie auch Fleisch, Garnelen, Regenwürmer sowie Insekten und Fisch. Die Weibchen legen 4–6 Eier. Bei Temperaturen zwischen 28–32 °C und hoher Luftfeuchtigkeit schlüpfen Jungtiere nach 65–82 Tagen. Auch Jungtiere sind unbedingt einzeln zu halten und abwechslungsreich zu füttern!

40–50 cm | Typ I/G SCL x 8/ WH flache Schale | L 24–28 °C/WS 35 °C | nein

Manouria emys emys (SCHLEGEL & MÜLLER, 1844)

Braune Landschildkröte

Verbreitung und Lebensraum: S-Thailand über Malaysia bis Borneo (Indonesien), Brunei, Malaysia und Sumatra (Indonesien). Immergrüne Wälder des tropischen Asiens, vor allem im Hochland. Benötigt offenbar viel Feuchtigkeit und gräbt sich oft in das Erdreich ein, in dem sie häufig für längere Zeit verweilt.

Aussehen: Carapax ist im Bereich der Wirbelschilder abgeplattet. Plastron aufgrund der vorspringenden Kehlschilder manchmal länger als Carapax. Brustschilder stehen weit auseinander. Exemplare aus dem Grenzbereich zwischen Burma und Thailand sollen Brustschilder haben, die bis zur Mitte des Plastrons reichen. Panzer dunkelbraun oder schwärzlich, kann manchmal orangefarbene Strahlenkränze aufweisen. Kopf und Gliedmaßen oft fast schwarz. Gliedmaßen massig, bei ausgewachsenen Exemplaren auf der Oberschenkelhinterseite stark vergrößerte kegelförmige Schuppe. Vorderbeine mit fünf, Hinterbeine mit vier Krallen. Schwanz endet mit einem gefurchten spornähnlichen Tuberkel. Jungtieren heller gefärbte Strahlenkränze auf Carapax. Männchen längeren, dickeren Schwanz, leicht konkav geformtes Plastron.

Pflege/Vermehrung: Allesfresser, die jedoch vorwiegend Pflanzennahrung verzehren. Gruppenhaltung möglich. Flache Wasserschale nicht vergessen. Weibchen können 30–60 Eier legen. Inkubation in gut feuchtem Substrat. Bei 28–29 °C und hoher Luftfeuchtigkeit schlüpfen Jungtiere nach etwa 72–74 Tagen.

25–31 cm | Typ I/G SCL x 8/ WH flache Schale | L 24–28 °C/WS 35 °C | nein

Manouria impressa GÜNTHER, 1882

Hinterindische Landschildkröte

Verbreitung und Lebensraum: Burma, Malaysia bis Vietnam und S-China. Waldbewohner der Hügel- und Bergregionen.

Aussehen: Der Carapax ist in der Wirbelgegend stark abgeflacht, die Wirbelschilder entweder flach oder leicht konkav. Ihre Randschilder sind sowohl vorne als auch hinten nach außen gebogen und stark gesägt. Rückenpanzer mattbraun bis gelb und manchmal mit einigen dunklen leuchtenden Flecken oder auffällig schwarzen Rändern. Randschilder gewöhnlich heller als der übrige Panzer. Bauchpanzer gelblich braun mit dunklen braunen Flecken. Bei einigen Exemplaren kann man auch einige dunkle Streifen finden. Die dunklen Beine sind mit kräftigen Schuppen bedeckt. Auf der Oberseite des hellgelben Kopfes befinden sich deutlich sichtbare symmetrische Schilder. Jungtiere haben auf dem Rückenpanzer und Kopf auffallend zarte schwarze Tupfen. Ihre Oberseite ist hell gelblich braun mit schönen schwarzen Tupfen. Männchen haben einen dickeren, längeren Schwanz und ein etwas konkav geformtes Plastron.

Pflege/Vermehrung: Allesfresser mit Vorliebe für Pflanzenkost. Man kann sie in Gruppen (1 Männchen, 2–3 Weibchen) halten. Bei Behelligung oder wenn man sie aufhebt, zischen und fauchen sie. Man kennt Gelege von 17–20 Eier. Vermutlich können sie aber auch umfangreicher sein. Bei 28–29 °C und hoher Luftfeuchtigkeit sollen die Jungtiere nach etwa 70–80 Tagen schlüpfen. Jungtiere abwechslungsreich füttern (Mineralstoff- und Vitamingaben).

20–25 cm | Typ D/G SCL x 6/ WH SCB x 4–5 | L 24–26 °C/ WS 35 °C/W 22–26 °C | warme Sommermonate

Mauremys caspica caspica GMELIN, 1774

Westasiatische Bachschildkröte

Verbreitung und Lebensraum: Zentraltürkei bis N-Iran, S-Kaukasus und SO-Turkmenistan. Stehende und langsam fließende Gewässer, vor allem mit dichter Vegetation.

Aussehen: Der Carapax ist glatt, bräunlich bis olivgrün und im hinteren Bereich manchmal leicht gekielt. Lateralschilde haben oft orangefarbene, ringförmige Flecken. Das Plastron ist gelblich, schwarz gefleckt, Brücke gelb, entlang der Schildnähte dunkel markiert. Weichteile graubraun. Hals gelbliche Längslinien. Augen schwarz. Bei Männchen Plastron leicht konkav, Schwanz länger, dicker.

Pflege/Vermehrung: Allesfresser mit Vorliebe für tierische Kost. Sehr gut für die Freilandhaltung geeignet. Die Schildkröten müssen jedoch kontrolliert überwintert werden (4–6 °C). Gruppenhaltung (1 Männchen, 2–3 Weibchen oder 2 Männchen, 4–6 Weibchen) möglich. Die Weibchen legen bis zu zweimal 3–15 Eier während einer Saison. Die Eier sind zu bergen und künstlich zu bebrüten. Bei Temperaturen zwischen 25–28 °C schlüpfen Jungtiere nach circa 3 Monaten, bei 30–33 °C nach etwa 8–9 Wochen. Bei höheren Temperaturen entstehen weibliche Nachkommen. Jungtiere können in Gruppen aufgezogen werden. Hierzu kann man ihnen im Sommer ein Freiluftterrarium anlegen, dass jedoch mit einem Drahtgeflecht abgesichert werden müssen, da bereits Vögel gefährlich werden können. Jungtiere fressen Wasserflöhe, Mückenlarven, kleine Regenwürmer und Ähnliches. Nach etwa 6–8 Jahren werden sie geschlechtsreif.

20–25 cm | *Typ D/G* SCL x 6/ *WH* SCB x 4–5 | *L* 24–26 °C/ *WS* 35 °C/*W* 22–26 °C | *warme Sommermonate*

Mauremys leprosa leprosa (SCHWEIGGER, 1812)

Spanische Wasserschildkröte

Verbreitung und Lebensraum: SW-Europa: S-Frankreich, Spanien, Portugal und NW-Afrika, von Mauretanien, Marrokko und Algerien bis zum N-Niger. Leben in Flüssen, Teichen und Ähnlichem.

Aussehen: Rückenpanzer ziemlich flach und oval. Die braun, rotbraun bis oliv gefärbten Tiere sind oft mit Algen bedeckt. Im mittleren Rückenbereich oft eine Vertiefung. Randschilder glatt. Bauchpanzer gelblich mit einem schwarzen Fleck im Zentrum, manchmal mit einem gelben Mittelstreifen. Kopf mit leuchtend gelben Streifen, die vom Halsansatz zum Trommelfell verlaufen. Einige Streifen ziehen zur Schnauze. Jungtiere mit drei Längskielen. Männchen haben einen dickeren Schwanz.

Pflege/Vermehrung: Im Wesentlichen wie *Mauremys caspica* Man kann sie gut in Gruppen (1 Männchen, 2–3 Weibchen) halten. Die geschickten Schwimmer verzehren gerne tierische Kost, wie Regenwürmer, Wasserschnecken, Insektenlarven, kleine Fische, können aber auch an Kunstfutter gewöhnt werden. Ab und zu nehmen sie auch Pflanzenkost zu sich. Der Aufenthalt im Freiland ermöglicht den Schildkröten eine natürliche Vitamin-D-Synthese. Vom Oktober bis März sind sie kühl zu halten und dürfen nicht in der Freilandanlage überwintern! Die Weibchen können während einer Saison bis zu drei Mal 6–9 Eier legen. Man muss die Eier künstlich bebrüten. Bei Temperaturen von 26–30 °C schlüpfen Jungtiere nach 77–97 Tagen. Sie können in einem kleinen Freiluftterrarium den Sommer draußen verbringen.

20–25 cm | Typ D/G SCL x 6/ WH SCB x 4–5 | L 24–26 °C/ WS 35 °C/W 22–26 °C | warme Sommermonate

Mauremys rivulata (VALENCIENNES, 1833)

Kaspische Flussschildkröte

Verbreitung und Lebensraum: Kroatien, Bulgarien, Griechenland bis Zypern, W-Türkei, Syrien, Libanon, Israel. Stehende und langsam fließende Gewässer aller Art.

Aussehen: Carapax oval bis fast quadratisch und flach. Grundfarbe schwarz. Von den drei Längskielen bei Jungtieren bleibt später der Mittelkiel erhalten.

Der Bauchpanzer ist schwarz bis bläulich mit hellen Markierungen. Unterseite der Randschilder hell. Der Kopf ist ebenfalls sehr dunkel mit dünnen blassgelben Streifen. Diese bilden auf dem Kopf ein Dreieck und am Hals ein Netzmuster. Ihr Unterkiefer ist hell, die Halsunterseite ist ebenfalls mit feinem Streifenmuster ausgestattet.

Pflege/Vermehrung: Für eine Freilandhaltung in den Sommermonaten gut geeignet, ähnlich wie *Mauremys caspica* und *M. leprosa*. Die Schildkröten müssen ebenfalls circa 4–5 Monate kontrolliert überwintert werden (4–6 °C). Sie können in Gruppen gehalten werden und verzehren vorwiegend tierische Kost. Es sind innerhalb der Saison bis zu zwei Eiablagen mit je 6–7 Eiern möglich. Zeitigt man sie in feuchtem Vermiculit (1:1) und bebrütet sie bei 29 ± 1 °C/26 ± 1 °C schlüpfen Jungtiere nach 94–102 Tagen. Es ist von Vorteil, wenn man Jungtiere erhält und diese selbst aufzieht, da sie sich dann leichter an Menschen gewöhnen und gezielt gefüttert werden können (Futterstock). Achtung: Die Schildkröten können ausgezeichnet klettern und ihre Anlage muss besonders ausbruchsicher umfriedet werden.

20–25 cm | Typ D/G SCL x 6/ WH SCB x 2–3 | L 24–26 °C/ WS 35 °C/W 24–26 °C | nein

Melanochelys trijuga thermalis (Lesson, 1830)

Rotflecken-Schwarzbauch-Erdschildkröte

Verbreitung und Lebensraum: Sri Lanka, SO-Indische Halbinsel und Malediven. In der Nähe und am Rande von Gewässern aller Art wie Stillgewässer, langsam fließende Flüsse bis schnell fließende Gebirgsbäche, Reisfelder etc.

Aussehen: Carapax länglich, leicht zusammengedrückt, drei Kiele. Hintere Randschilder nicht oder nur bei Jungtieren leicht gesägt. Carapax variiert von rötlich braun bis dunkelbraun, kann auch schwarz sein. Kehle oft gelb. Plastron länglich, entweder einfarbig dunkelbraun oder schwarz, kann gelb gerandet sein. Analschilder hinten gekerbt. Schnauze kurz und Oberkiefer gekerbt. Rötliche Kopfflecken. Gliedmaßen und Schwanz grau oder dunkelbraun bis schwarz, Vorderbeinvorderseite großen Schuppen. Zehen vollständig bis oder fast bis zu den Krallen mit Schwimmhäuten. Männchen konkav geformtes Plastron, längeren, dickeren Schwanz. Unterarten unterscheiden sich vor allem durch die Färbung und Kopfmuster, ihre CL und das Plastronmuster. Ohne den Herkunftsort zu wissen, ist eine Unterscheidung der Formen oft problematisch.

Pflege/Vermehrung: Obwohl sie auch hin und wieder Pflanzenteile verzehren, bevorzugt sie tierische Kost. Man kann sie problemlos in Gruppen (1 Männchen, 2–3 Weibchen) halten. Zeitweise geringfügig kühler halten. Weibchen legen 4–6 Eier. Bei 28–32 °C und hoher Luftfeuchtigkeit schlüpfen Jungtiere nach circa 120 Tagen. Unbedingt abwechslungsreich füttern.

bis 25 cm | Typ D/G SCL x 6/ WH SCB x 4–5 | L 24–26 °C/ WS 35 °C/W 25–28 °C | nein

Mesoclemmys gibba SCHWEIGGER, 1812

Gewöhnliche Buckel-Krötenkopfschildkröte

Verbreitung und Lebensraum: Kolumbien, O-Ecuador, O-Peru, N-Bolivien, Venezuela, den Guayana-Staaten und N-Brasilien: Orinoko- und Amazonas-Einzugsgebiet. Schlammige und langsam fließende Gewässer: Ströme, Schwarzwasserflüsse, Marschen, Tümpel, Teiche, vor allem im und am Rand von Regenwäldern.

Aussehen: Carapax dunkelbraun bis schwarz, ausgeprägter Längskiel. Sehr alten Exemplaren fehlt oft der Längskiel. Plastron hellbraungräulich bis dunkelbraun oder schwarz, hinten tief gekerbt. Rand kann von hellgelb bis dunkelgrau variieren. Je nach Alter Brücke und unteren Randschilder gelblich bis schwarz. Kopfoberseite und an den Seiten hellgrau bis braunschwarz, bei Jungtieren gelb bis grau marmoriert. Halsoberseite grau bis braunschwarz, mit kleinen Tuberkeln. Hellgelbe bis hellgraue Unterseite mit schwarzen Tupfen bedeckt. Kinn zwei weiße Barteln. Weichteile unterschiedlich hellgrau bis schwarz, weisen helle Stellen auf. Gliedmaßen spitze Krallen und Finger und Zehen Schwimmhäute. Männchen längeren Schwanz, konkav geformtes Plastron. Sie bleiben auch kleiner als Weibchen.

Pflege/Vermehrung: Allesfresser, die man in Gruppen (1 Männchen, 2–3 Weibchen) halten kann. Können sehr gut schwimmen. Weibchen legen 3–4 Eier. Bei Temperaturen zwischen 26–30 °C und hoher Luftfeuchtigkeit (70–90 %) enthielten Eier nach 140–160 Tagen fertig entwickelte Jungtiere. Weitere schlüpften nach 184–220 Tagen.

30–32 cm | Typ D/G SCL x 6/ WH SCB x 4 | L 22–26 °C/ W 20–24 °C | nein

Notochelys platynota Gray, 1863

Plattrückenschildkröte

Verbreitung und Lebensraum: S-Thailand über Malaiische Halbinsel (Malaysia, Singapur) bis Borneo (Indonesien), Brunei, Sumatra und Java (Indonesien). Bevorzugen kühle, klare, schnell fließende Gebirgsbäche und -flüsse, vor allem aber flache Gewässer mit weichem Untergrund und dichter Vegetation wie Schwemmgebiete, Marschen, größere Tümpel in Regenwaldgebieten, etc. Sehr versteckte Lebensweise.
Aussehen: Der olivbraune Carapax besitzt einen Kiel. Charakeristisches Merkmal sind die 6–7 Wirbelschilder. Die Bezeichnung *platynota* bezieht sich auf die flachen Wirbelschilder 2, 3 und 4. Am 5. oder 6. Wirbelschild fällt der sonst ebenmäßige Rückenpanzer steil ab. Der Hinterrand ist deutlich gesägt. Die Spitzen der Randschilder sehen wie Zacken aus. Dies verliert sich im zunehmenden Alter. Bei erwachsenen Exemplaren ist der Bauchpanzer entlang der Brücke etwas vertieft und mit dem Rückenpanzer beweglich verbunden. Bei Jungtieren ist der Rückenpanzer gelblich bis olivgrün und auf jedem Wirbelschild findet man 1–2 schwarze Punkte.
Pflege/Vermehrung: Obwohl sie äußerlich an eine Landschildkröte erinnert, ist sie Wasserbewohnerin. Vorwiegend Pflanzenfresser, wie Wasserpflanzen und Früchte, verzehrt aber auch Schnecken und Wirbellose. Häufiger Wasserwechsel erforderlich. Weibchen legen meist zwischen 2–6 hartschalige Eier pro Gelege. Bei Temperaturen zwischen 28–32 °C schlüpfen die Jungtiere nach etwa 72–84 Tagen.

bis 25 cm | Typ D/G SCL x 6/ WH SCB x 2–3 | L 24–26 °C/ WS 35 °C/W 22–27 °C | nein

Ocadia sinensis GRAY, 1834

Chinesische Streifenschildkröte

Verbreitung und Lebensraum: Südöstliches China, einschließlich der Inseln Taiwan und Hainan, bis Zentralvietnam. Langsam fließende Gewässer, aber auch Teiche, Tümpel, Reisfelder etc.

Aussehen: Der rötlich braune, dunkelbraune, dunkeloliv bis schwarz gefärbte Carapax hat gelbe Säume, vor allem bei Jungtieren. Zudem besitzt er drei Längskiele, die sich jedoch im Alter immer mehr zurückbilden. An den Kopfseiten findet man bis zu acht schwarz gerandete, schmale, cremefarbene oder gelbe Streifen. Ihre Gliedmaßen sind oliv gefärbt und ebenfalls mit gelben Streifen versehen. Plastron, Brücke und die Unterseite der Randschilder sind gelb mit einem großen viereckigen braunen bis schwarzen Fleck auf jedem Schild. Oberkiefer weiß bis cremefarben und gekrümmt. Männchen haben ein leicht konkav geformtes Plastron.

Pflege/Vermehrung: Allesfresser, die vorwiegend pflanzliche Kost verzehren, aber auch Mollusken und Kleinkrebse. Sie können in Gruppen (1 Männchen, 2–3 Weibchen) gehalten werden. Besser ist es, Männchen von Weibchen getrennt zu halten und nur hin und wieder dazu zu setzen. Die Weibchen legen gewöhnlich 3 Eier. Bebrütet man diese bei schwankenden Temperaturen von 27- 32 °C und hoher Luftfeuchtigkeit, schlüpfen Jungtiere nach 73–95 Tagen. Sie können in Gruppen aufgezogen werden und verzehren oft vorwiegend tierische Kost. Dennoch kann man ihnen Wasserpflanzen (Wasserpest, Tausendblatt, Wasserlinsen) in den Wasserteil geben.

20–24 cm | Typ D/G SCL x 6/ WH SCB x 4–5 | L 25–28 °C/ WS 35 °C/W 22–26 °C | nein

Pangshura smithii smithii (GRAY, 1863)

Braune Dachschildkröte

Verbreitung und Lebensraum: Flusssysteme des Indus, Ganges und Brahmaputra in Pakistan, N-Indien, SO-Nepal und NW-Bangladesch. Die Flussbewohner können ausgezeichnet schwimmen und leben in und an Gewässern aller Art, auch Kleingewässern.

Aussehen: Der Carapax der *Pangshura*-Arten ist im Gegensatz zu *Kachuga*-Arten relativ flach! Der Carapax der Braune Dachschildkröte ist hell-olivbraun, der Mittelkiel dunkelbraun bis fast schwarz. Das Plastron ist schwarz, die hinteren Schildnähte besitzen weiße Zeichnungselemente. Ihre Weichteile sind grau. Die Kopfoberseite ist dunkelgrau, der Hals besitzt hell-dunkle feine Längsstreifen. Auffällig sind ihre hellblaue Iris und der rötliche Postocularfleck. Die Nasenlöcher befinden sich an der Schnauzenspitze. Die Kieferränder sind gezähnelt. Männchen bleiben kleiner und haben eine dickere Schwanzwurzel und einen längeren Schwanz.

Pflege/Vermehrung: Allesfresser, die man in Gruppen (1 Männchen, 2–3 Weibchen halten kann. Sie können sehr gut schwimmen. Am besten hält man Männchen zeitweise getrennt von den Weibchen, dann sind sie später paarungsbereiter. Die Weibchen legen zwischen 3–8, maximal bis 11 Eier. Sie müssen vorsichtig geborgen und künstlich bebrütet werden. Bei einer Temperatur von 28 °C und hoher Luftfeuchtigkeit schlüpfen gewöhnlich nach 140 bis 156 Tagen die Jungtiere. Jungtiere sind besonders attraktiv und müssen abwechslungsreich ernährt werden.

15–23 cm | Typ D/G SCL x 6/ WH SCB x 4–5 | L 25–28 °C/ WS 35 °C/W 22–26 °C | nein

Phanshura tecta (GRAY, 1831)

Nordindische Dachschildkröte

Verbreitung und Lebensraum: Flusssysteme von Indus, Narmada, Ganges und Brahmaputra im südlichen Pakistan, nördlichen Indien, südlichen Nepal und Bangladesh. Randbereiche großer Flüsse, aber auch stehende oder nur langsam fließende Gewässer.

Aussehen: Carapax dachförmig und bei erwachsenen graubraun, bei Jungtieren hellgrün (**Abbildung**). Das vierte Wirbelschild ist etwas länglich. Auf den ersten drei Wirbelschilden befinden sich rote, schwarz eingerahmte Höcker, der dritte ist dabei der Höchste. Auf den übrigen Mittelschildern findet man lediglich einen Längskiel. Plastron bei Jungtieren rosa- bis orangerot, später gelb werdend, jedoch mit leicht rosafarbenem oder rötlichem Anflug. Kopfoberseite dunkel. Unter dem Auge beginnt ein roter, schwarz eingefasster Streifen und zieht, hinter dem Auge breiter werdend, bis zur Kopfoberseite. Der Hals ist ebenfalls braun, mit blassgelben oder cremefarbenen Streifen. Männchen haben einen längeren und dickeren Schwanz.

Pflege/Vermehrung: Allesfresser. Man kann sie in Gruppen (1 Männchen, 2–3 Weibchen halten. Um die Fortpflanzungsbereitschaft zu steigern: Geschlechter zeitweise getrennt halten und Wasserwechsel durchführen. Gelege können zwischen 3–8, maximal bis 12 Eier umfassen. Bei einer Temperatur von 28–32 °C (80–90 % Luftfeuchtigkeit) schlüpfen Jungtiere gewöhnlich nach 138 bis 160 Tagen die Jungtiere. Jungtiere benötigen wöchentliche Mineralstoff- und Vitamingaben.

27–33 cm | Typ E/G SCL x 6/ WH SCB x 4–5 | L 25–28 °C/ WS 35 °C/W 24–26 °C | nein

Pelomedusa subrufa subrufa (LACEPÉDE, 1788)

Starrbrust-Pelomedusenschildkröte

Verbreitung und Lebensraum: Somalia und Sudan westwärts bis Ghana und südwärts bis zum Cap der Guten Hoffnung sowie auf Madagaskar. Bevorzugt stehende, temporäre Gewässer mit zeitweise hohem Wasserstand, lebt aber auch in Teichen und Bächen sowie zeitweise in Kleingewässern.

Aussehen: Der Carapax ist breit, stark abgeflacht, oval, am Hinterrand glatt oder leicht gesägt. Manchmal findet man einen schwachen Kiel über dem 2. bis 4. Wirbelschild. Das 1. Wirbelschild ist breiter als lang. Das Plastron ist gelblich, selten bräunlich und dunkel gesäumt. Die Schildkröten besitzen eine tiefe Analkerbe. Die Brücke ist gelb bis braun. Ihre Kopfoberseite ist braun bis oliv, hin und wieder hell/dunkel gesprenkelt. Die Kopfseiten sind gelb bis cremefarben. Ihre Augen stehen etwas hervor. Am Kinn befinden sich zwei gelbliche Barteln. Die Weichteile sind gelbbraun, Unterseite deutlich heller. Männchen haben längeren und dickeren Schwanz, konkav geformtes Plastron.

Pflege/Vermehrung: Allesfresser, verzehren jedoch bevorzugt animalische Kost. Man kann diese Schildkröten problemlos in Gruppen (1 Männchen, 2–3 Weibchen) halten. Können ausgezeichnet schwimmen. Im Winter hält man sie für einige Wochen lediglich etwas kühler. Die Weibchen sind recht produktiv. Sie können 12–20 Eier, maximal sogar bis zu 42 Stück legen. Bei Temperaturen um 30 °C und hoher Luftfeuchtigkeit entstehen zu 71 % männliche, bei 24–27 °C und 33 °C weibliche Nachkommen.

18–19 cm | Typ D/G SCL x 6/ WH SCB x 4–5 | L 25–28 °C/ WS 35 °C/W 24–25 °C | nein

Pelusios adansonii (SCHWEIGGER, 1812)

Weißbrust-Pelomedusenschildkröte

Verbreitung und Lebensraum: Zentralafrika von Senegal bis zum Sudan; Flüsse in Savannenregionen. Nicht in Regenwäldern.
Aussehen: Der Carapax ist hinten breiter als vorne und auf den Wirbelschildern etwas abgeflacht. Auf den ersten vier Wirbelschildern befindet sich ein flacher Mittelkiel. Der Rand der hinteren Marginalschilder ist glatt. Ihr Rückenpanzer ist gelbbraun bis graubraun und mit einigen dunklen Strahlen oder Flecken versehen. Bauchpanzer kürzer als Rückenpanzer und der vordere Lappen etwa zweimal so lang wie das Bauchschild. Hinterer Lappen leicht zugespitzt und besitzt eine tiefe Analkerbe. Bauchpanzer und Brücke sind gelb gefärbt. Der breite Kopf ist mit einer kurzen, nur leicht vorspringenden Schnauze und gelblichen Kiefer ausgestattet. Auf der Oberseite ist der Kopf graubraun mit gelblicher Musterung, hinten heller werdend. Vom Auge zum Trommelfell kann ein gelber Streifen ziehen. Am Kinn befinden sich zwei Barteln. Die übrigen Weichteile sind gelblich braun. Männchen erkennt man an ihrem längeren und dickeren Schwanz.
Pflege/Vermehrung: Allesfresser, die jedoch animalische Kost bevorzugen. In der Natur gehören Wirbellose, Fische sowie Amphibien dazu, selten auch Pflanzenteile und Aas. Man kann sie in Gruppen halten. Weibchen können innerhalb einer Saison 4–5mal durchschnittlich 15 Eier legen. Bei Temperaturen von 28/26 °C und hoher Luftfeuchtigkeit (circa 95 %) schlüpfen Jungtiere nach 80 bis 85 Tagen.

23–24 cm | Typ D/G SCL x 6/ WH flache Schale | L 25–28 °C/ WS 35 °C/W 24–25 °C | nein

Pelusios castaneus (Schweigger, 1812)

Westafrikanische Klappbrust-Pelomeduschildkröte

Verbreitung: Senegal bis NW-Angola; Kapverdische Inseln und Sao Tome-Insel; eingebürgert auf Guadaloupe, kleine Antillen. Flüsse, Ströme, Marschen, Schwemmbereiche, Seen und flache Teiche. Etliche dieser Gewässer können im Sommer für längere Zeit austrocknen.

Aussehen: Der olivfarbene Carapax hat einen ovalen Umriss, ist hinten verbreitert und nicht gesägt. Ein Kiel fehlt. Der gelbliche Bauchpanzer ist hinter der Brücke nicht oder nur geringfügig eingeschnürt. Manchmal findet man in der Mitte oder entlang des Saumes eine dunkle Pigmentierung. Der hintere Teil ist unbeweglich, der vordere beweglich und gestattet es den Tieren, die Panzeröffnungen zum Schutz des Kopfes und der Vordergliedmaßen zu schließen. Die Schildkröten haben einen vorne stumpf zulaufenden Kopf, der mit einigen sehr großen symmetrisch angeordneten Schildern bedeckt ist. Auf dem olivfarben bis braunen Kopf findet man eine hellere, wurmlinienförmige Zeichnung. Die Iris ist weiß umrandet. Am Kinn befinden sich zwei Barteln. Männchen haben einen konkav geformten Bauchpanzer, eine dickere Schwanzwurzel und einen längeren Schwanz.

Pflege/Vermehrung: In größeren Aquaterrarien kann man sie in Gruppen halten, ansonsten ist Einzelhaltung zu empfehlen. Allesfresser, bevorzugen jedoch animalische Kost. Ihre Nahrung besteht unter anderem auch aus großen Schnecken und Wasserpflanzen. Gelege bestehen aus 6 bis 18 Eier (30 °C: Schlupf nach circa 80 Tagen).

22–23 cm | Typ D/G SCL x 6/ WH SCB x 4–5 | L 25–28 °C/ WS 35 °C/W 24–25 °C | nein

Pelusios castanoides castanoides HEWITT, 1931

Afrikanische Gelbbauch-Klappbrust-Pelomedusenschildkröte

Verbreitung und Lebensraum: Südostafrika und Madagaskar. Flüsse, Marschen, Schwemmbereiche, aber auch andere Gewässer.

Aussehen: Der Carapax ist gelb, oliv oder schwarz, oval geformt und bei Männchen häufig recht schmal, das Zwischenkehlschild durch einen diagonalen Saum vom angrenzendem Kehlschild getrennt. Bei erwachsenen Exemplaren sind die Wirbelschilder 3 oder 4 länger als breit, bei jüngeren Tieren etwa ebenso lang wie breit. Ihr Plastron ist oft gelb gefärbt und am Saum dunkel, kann aber auch sehr variabel von fast hellbeige bis nahezu schwarz sein. Die Schildkröten haben einen braunen bis olivschwarzen (getüpfelten) Kopf mit leicht vorspringender Schnauze. Am Kinn befinden sich zwei Barteln. Die übrigen Weichteile sind gelb bis braun. Männchen erkennt man an ihrem schmaleren Plastron und den längeren, dickeren Schwanz. Bei den Weibchen ist der hintere Plastronlappen recht breit.

Pflege/Vermehrung: Diese Allesfresser bevorzugen animalische Kost und gehen nur sehr selten auch an Pflanzenteile. In der Natur gehören in erster Linie Wirbellose, Fische sowie Amphibien zu ihrer Beute, fressen aber auch Aas. Zu einem Männchen gesellt man 2–3 Weibchen. Weibchen können innerhalb einer Saison bis zu dreimal 5–25 Eier (32 x 22 mm) legen. Bei Temperaturen von 28–30 °C und hoher Luftfeuchtigkeit (circa 95 %) schlüpfen Jungtiere nach 78 bis 82 Tagen. Sie können gemeinsam aufgezogen werden.

30–35 cm	*Typ D/G SCL x 6/ WH SCB x 4–5*	*L 25–28 °C/ WS 35 °C/W 24–26 °C*	*nein*

Phrynops geoffroanus (SCHWEIGGER, 1812)

Dunkle Krötenkopfschildkröte

Verbreitung und Lebensraum: Kolumbien, Venezuela, die Guayanas, Brasilien, Paraguay und äußerstes N-Argentinien: Flusssysteme des Orinoko bis Amazonas und Sao Francisco bis Parana. Langsam fließende Flüsse, Seen, Lagunen mit weichem Untergrund und stellenweise dichter Vegetation.

Aussehen: Der Carapax ist oval geformt und hat hinten einen glatten Rand. In der Rückenmitte erwachsener Exemplare findet man eine flache Furche, bei Jungtieren manchmal einen flachen Kiel. Der braune bis schwarze Rückenpanzer weist graue Flecken und gelbe Ränder auf. Der große breite Kopf ist mit einer vorragenden Schnauze ausgestattet, der Oberkiefer ist weder gehakt noch gekerbt. Die graue Kopfoberseite ist mit kleinen unregelmäßigen Schuppen bedeckt und oft dunkel gemustert. Ein breiter schwarzer Streifen zieht vom Nasenloch über das Auge und Trommelfell zum Hals, ein weiterer schwarzer Streifen vom Oberkiefer zu den Halsseiten. Ein schmutzig weißes Band verläuft zwischen diesen beiden Streifen. An ihrem gelblichen Kinn befinden sich zwei gelbe Barteln, der Kehlbereich ist dunkel gestreift.

Pflege/Vermehrung: Fressen ausschließlich animalische Kost. Man kann sie in Gruppen und sogar paarweise halten. Meist legen die Weibchen in der Zeit von Dezember bis Februar zwischen 9–20 Eier pro Gelege. Inkubiert man sie bei Temperaturen zwischen 28 und 30 °C, dauert es bis zum Schlupf der Jungen 120–150 Tage. Sie können gemeinsam aufgezogen werden.

40–45 cm | Typ D/G SCL x 6/ WH SCB x 4–5 | L 25–28 °C/ WS 35 °C/W 24–26 °C | nein

Phrynops hilarii (Duméril & Bibron, 1835)

Hilaires Krötenkopfschildkröte

Verbreitung und Lebensraum: S-Brasilien, Uruguay, N-Argentinien und S-Paraguay: Rio Paraná und benachbarte Flusssysteme. Flüsse, Seen und größere Teiche.

Aussehen: Carapax abgeflacht, oval, olivbraun bis grau, in der Mitte am breitesten. Hinten glatt gerandet, Rückenmitte leicht eingedrückt. Jungtiere oft schwachen Kiel. Plastron gelblich bis weiß, bedeckt mit symmetrisch angeordneten schwarzen Tupfen. Analkerbe vorhanden. Unterseite der Randschilder und Plastron gelb, unregelmäßig schwarz gefleckt. Kopf groß, breit, vorspringende Schnauze. Ein Paar zweifarbige Kinnbarteln. Kopfoberseite hellgrau, Halsunterseite weißlich. Dunkler Streifen trennt die Farben der Kopfoberseite, zieht von den Nasenlöchern bis zum Auge und dahinter bis zu den Weichteilen. Kopfunterseite und Weichteile schwarz getupft. Männchen längeren, dickeren Schwanz, konkav geformten Plastron.

Pflege/Vermehrung: Verzehren vorwiegend tierische Kost. Man kann sie in Gruppen halten, sollte jedoch beispielsweise im Herbst die Geschlechter für circa 5–6 Wochen getrennt halten und einen Wasserwechsel vornehmen. Setzt man die Tiere anschließend wieder zusammen, kommt es oft zu Paarungen. Die Weibchen können pro Gelege bis zu 27 Eier legen. Bei 26–29 °C und hoher Luftfeuchtigkeit bebrütet, schlüpfen die Jungtiere nach circa 125–150 Tagen. Schlüpflinge haben noch einen kleinen Mittelkiel und eine leuchtende braune Färbung sowie auf jedem Schild einen dunklen Punkt.

18–20 cm | Typ D/G SCL x 5/ WH SCB x 2–3 | L 26–28 °C/ WS 35 °C/W 25–28 °C | nein

Platemys platycephala platycephala (Schneider, 1792)

Plattschildkröte

Verbreitung und Lebensraum: Einzugsgebiet des Orinoko und des Amazonas (mit Ausnahme des oberen Abschnittes) in Venezuela, Kolumbien, Ecuador, Peru, Bolivien, den Guayana-Staaten und Brasilien. Gewässer und Nähe von Gewässern des Regenwaldes. Lebt mehr terrestrisch, sucht oft flache Wasserstellen auf. Ernährt sich von Kaulquappen, Fröschen, selten Fischen, auf dem Land auch von Würmern und Schnecken.

Aussehen: Carapax breit, flach, Einbuchtung entlang der Rückenmitte. Grundfarbe gelblich bis nussbraun, darauf dunkle, kreuzartige Figur. Randschilder bei Jungtieren leicht, bei Erwachsenen nicht gesägt. Seitliche Randschilder hochgebogen. Großschuppige Kopfoberseite mit lebhaftem, in der Mitte nachgedunkeltem Gelb- bis Ziegelrot. Kopfseiten und -unterseite dunkelbraun bis schwarz. Zwei kleine Kinnbarteln. Hals wie Kopf gefärbt, Oberseite und an den Seiten stumpfe Tuberkeln. Plastron dunkelbraun bis schwarz, gelber Rand. Vorderlappen breiter als der hintere. Füße nur mit geringen Schwimmhautansätzen. Männchen werden etwas größer, konkav geformtes Plastron, längeren, dickeren Schwanz.

Pflege/Vermehrung: Bevorzugen animalische Kost. Man kann die friedlichen Schildkröten in Gruppen (1 Männchen, 2–3 Weibchen) halten. Die Weibchen legen pro Gelege meist nur 1 Ei, jedoch mehrmals während der Saison. Bei etwa 28 °C und hoher Luftfeuchtigkeit bebrütet, schlüpfen die Jungtiere nach etwa 140–150 Tagen.

18–21 cm | Typ A/G SCL x 4/ WH SCB x 2 | L 22–24 °C/ W 20–23 °C | nein

Platysternon megacephalum megacephalum GRAY 1831

Großkopfschildkröte

Verbreitung und Lebensraum: S-China. Leben in flachen, oft schnell fließenden Gebirgsbächen in Waldregionen, bis 2000 m ü. NN.

Aussehen: Der Carapax ist braun und besitzt einen schwachen Mittelkiel. Das Plastron ist deutlich heller. Die Bauchschilder und Rückenschilder werden durch eine Reihe Inframarginalschilder getrennt. Ihr Panzer auffällig flach und starr. Der Kopf ist massig, sitzt auf einem kurzen, dünnen Hals und kann nicht unter den Panzer gezogen werden. Die Kiefern sind hakenförmig. Der Kopf und die Weichteile sind braun mit mehr oder weniger dunklen bis orangefarbenen Sprenkeln. Sie besitzen kräftige Füße mit spitzen Krallen. Ihr Schwanz ist so lang wie der Rückenpanzer und die Afterregion von stachelartigen Hauttuberkeln umgeben. Männchen haben eine dickere Schwanzwurzel; ihr Plastron ist leicht konkav geformt.

Pflege/Vermehrung: Die interessant geformten Schildkröten verzehren ausschließlich tierische Kost. Sie müssen unbedingt einzeln gehalten werden und dürfen nur unter Aufsicht zur Paarung kurz zusammengesetzt werden. Sie benötigen keinen Wärmestrahler. Im Terrarium müssen sich künstliche Felsspalten oder ähnliche Versteckmöglichkeiten befinden. Das Wasser darf nie Temperaturen über 24 °C erreichen. Die Weibchen produzieren pro Gelege 1–4, maximal 6 Eier. Bei Temperaturen um 30 °C und hoher Luftfeuchtigkeit schlüpfen die Jungtiere nach circa 80 Tagen. Sie verzehren besonders gerne lebende Nahrung.

35–68 cm | Typ E/G SCL x 6/ WH SCB x 4–5 | L 25–28 °C/ WS 35 °C/W 24–26 °C | nein

Podocnemis unifilis TROSCHEL, 1848

Terekay-Schienenschildkröte

Verbreitung und Lebensraum: S-Venezuela, Kolumbien, O-Ecuador, O-Peru, in den Guayana-Staaten, Brasilien und in N-Bolivien: Amazonas- und Orinoco-Flusssystem. Große Urwaldströme und Lagunen. In der Trockenzeit findet man die tagaktiven Schildkröten vor allem in den großen Flüssen und in den Lagunen.

Aussehen: Der Carapax ist dunkelgrau, oliv bis bräunlich und wenig gewölbt, Mittelkiel. Oberfläche rau, deutliche Jahresringe. Plastron-Vorderlappen recht groß, vorne gerundet, hinterer Lappen etwas zugespitzt, hinten gekerbt. Plastron gelb. Breite Brücke. Dort bilden sich später dunkle Flecken. Kopf länglich, vorspringende Schnauze, Oberkiefer gekerbt. Kopf gräulich bis oliv, gelb gefleckt. Ein Flecken befindet sich auf dem Kopf, je einer an den Kopfseiten am Oberkieferrand, an jeder Seite zieht einer vom hinteren Augenrand bis zum Mundwinkel und je einer befindet sich auf dem Trommelfell. Kiefer dunkel, Kinn gelbe Querstreifen. Unterhalb des Mundwinkels auf jeder Seite gelben Fleck. 1 bis 2 Kinnbarteln (Orinoco-Population ein Kinnbartel, Amazonas-Population zwei). Männchen längeren, dickeren Schwanz, Weibchen werden deutlich größer.

Pflege/Vermehrung: Allesfresser, die jedoch tierische Kost bevorzugen. Man kann sie in Gruppen (1 Männchen, 2–3 Weibchen) halten. Die Weibchen sind sehr fruchtbar und legen zwischen 18–25, maximal sogar bis 40 Eier. Bei 28 °C entstehen männliche, bei 33–34 ° weibliche Nachkommen.

33–40 cm | *Typ D-E/G SCL x 6/ WH SCB x 4–5* | *L 25–28 °C/ WS 35 °C/W 22–25 °C* | *warme Sommermonate*

Pseudemys (Pseudemys) concinna concinna LE CONTE, 1830

Gewöhnliche Schmuckschildkröte

Verbreitung und Lebensraum: USA: östliches Texas bis südliches Illinois, östliches Virginia bis Alabama. Vor allem in Flüssen mit stellenweise dichter Vegetation, aber auch in anderen Gewässern, sogar Brackwasserbereichen. Geschickte Schwimmer und Taucher.

Aussehen: Ihr Carapax ist flach und breit, am Hinterrand etwas gesägt. Ein Mittelkiel ist vorhanden, auch noch bei großen Exemplaren. Das 2. Rippenschild hat eine C-förmige Markierung. Grundfärbung der Jungtiere grünlich bis bräunlich, darauf ein Muster aus gelben Ringen und Linien. Färbung wird später immer dunkler. Plastron gelblich bis orange mit zentraler Figur, die entlang des Saumes ausläuft. Hals und Gliedmaßen olivgrün bis braun mit gelben Längsstreifen. Besonders markanter gelber Streifen zieht vom Unterkiefer bis zum Hals und verbindet sich etwa im Bereich des Mundwinkels mit einem vom Augenunterrand kommenden, sodass ein Y entsteht. Oberkiefer nur schwach gekerbt. Männchen meist deutlich kleiner und gerade verlängerte Vorderkrallen sowie längeren und an der Basis dickeren Schwanz. Außerdem neigen sie zu Melanismus.

Pflege/Vermehrung: Häufig gehaltene Wasserschildkröte, die man gut in Gruppen (1 Männchen, 2–3 Weibchen) halten kann. Bevorzugen tierische Kost. Weibchen legen pro Gelege 6–17, max. 19 Eier. Bei Temperaturen von 23–30 °C schlüpfen Jungtiere nach 66–114 Tagen. Bei 22,5–25 °C schlüpfen männliche, bei 30 °C weibliche Nachkommen.

31–38 cm | Typ D-E/G SCL x 6/ WH SCB x 4–5 | L 25–28 °C/ WS 35 °C/W 22–25 °C | warme Sommermonate

Pseudemys (Ptychemys) nelsoni CARR, 1938

Florida-Rotbauch-Schmuckschildkröte

Verbreitung und Lebensraum: USA (Florida und SO-Georgia). Marschen, Mangroven, Seen, Teiche sowie langsam fließende Gewässer mit Vegetation.

Aussehen: Carapax länglich und hoch gewölbt und variabel gefärbt. Er ist gewöhnlich schwarz mit roten oder gelblichen Markierungen auf jedem Rippen- und Randschild. Auf dem 2. Rippenschild verläuft ein hell zentriertes Band, das oft eine Y-förmige Form bildet. Jedes Randschild besitzt oben einen roten Balken, auf deren Unterseite ziehen am Saum entlang häufig dunkle Flecken. Das Plastron ist rötlich orange und kann in der Mitte ein Muster aufweisen. Der Mittelkiel verliert sich im Wachstum. Auf den schwarzen Weichteilen befinden sich gelbe Streifen, die präfrontal einen Pfeil bilden. Männchen haben verlängerte Vorderkrallen und einen dickeren Schwanz.

Pflege/Vermehrung: Allesfresser, die tierische Kost bevorzugen aber auch Pflanzenteile verzehren. Man kann sie in den warmen Sommermonaten in einer Freilandanlage halten. Ein Weibchen kann während der Saison 5–6 Gelege produzieren und je Gelege bis zu 12 Eier in die Nisthöhle legen. Obwohl diese Schildkröten als Jungtiere gerne erworben werden, werden sie ihren Pflegern im Alter oft zu groß und werden dann häufig einfach ausgesetzt. Es sind kaum Nachzuchten bekannt, obwohl die Tiere häufig bei der Paarung zu beobachten sind. Bei Temperaturen um 30 °C und hoher Luftfeuchtigkeit schlüpfen Jungtiere gewöhnlich nach 65–80 Tagen.

18–21 cm | Typ F/G SCL x 6/ WH flache Schale | L 20–24 °C | nein

Pyxidea mouhotii mouhotii (GRAY, 1862)

Dornschildkröte

Verbreitung und Lebensraum: Südchina einschließlich der Insel Hainan, Nordvietnam, N-Laos, N-Thailand und O-Myanmar. Feuchte, kühle Regenwälder mit temporären Wasseransammlungen.
Aussehen: Der Carapax ist braun und besitzt drei Längskiele. Zwischen Seiten- und Mittelkiel ist der Carapax abgeflacht, der Hinterrand ist gesägt. Einzelne Carapaxschilde sind fein ziseliert. Das Plastron ist gelbbraun, dunkel gepunktet, bei Ausgewachsenen mit Scharnier. Kopf braun, an den Seiten undeutliche Strichzeichnung. Oberkiefer mit hakenförmigem Schnabel. Braune Gliedmaßen mit scharfen Krallen.
Pflege/Vermehrung: Diese Allesfresser benötigen keinen Wärmestrahler. Unbedingt nach Geschlechtern getrennt halten. Im Terrarium sollte sich unbedingt eine flache Wasserschale befinden, die gerne zum Baden und Trinken aufgesucht wird. Eine etwa 2 Monate dauernde Ruhephase bei 8–12 °C fördert anschließend die Fortpflanzungsbereitschaft. Nach dieser Ruhephase setzt man sie zur Paarung zusammen. Die Weibchen legen pro Gelege 1–4, maximal 6 Eier, die künstlich bebrütet werden müssen. Bei einer konstanten Temperatur von 28 °C und einer relativen Luftfeuchtigkeit von 90 % schlüpfen Jungtiere nach etwa 97–99 (108) Tagen, bei 27/25 °C schlüpfen sie nach 104 Tagen. Jungtiere müssen abwechslungsreich ernährt werden, damit sie nicht auf bestimmte Futtersorten geprägt werden. Sie sollten nur eine etwas kürzere Ruhephase einlegen.

12–15 cm | Typ H/G SCL x 4–5/ WH flache Schale | L 24–28 °C/WS 45 °C | nein

Pyxis arachnoides Bell, 1827

Madagaskar-Spinnenschildkröte

Verbreitung und Lebensraum: SW-Madagaskar. Die Art lebt in ariden oder semiariden Dornbuschwäldern mit Sukkulenten.
Aussehen: Der stark gewölbte Carapax ist im hinteren Teil breiter. Die hinteren Randschilder sind glatt und heruntergebogen. Wirbelschilder sind breiter als lang und besitzen in der Mitte Jahresringe. Jedes der dunkelbraunen oder schwarzen Wirbel- und Rippenschilder besitzt ein sternförmiges Muster mit einem gelben Zentrum. Bauchpanzer gut entwickelt, der vordere Lappen länger. Zwischen dem Arm- und Brustschild befindet sich ein bindegewebsartiges Gelenk. Bauchpanzer kann einfarbig gelb sein oder auf der Brücke schwarze Flecken aufweisen. Kopf mittelgroß, gelb und mit einigen Flecken und leicht gehakten Oberkiefer. Die Gliedmaßen und der Schwanz sind gelblichbraun, Schwanzende mit Endnagel. Männchen haben einen dickeren und längeren Schwanz.
Pflege/Vermehrung: Allesfresser, die bevorzugt pflanzliche Kost verzehren. Eine flache Wasserschale darf im Terrarium nicht fehlen. Man kann sie gut in Gruppen (1 Männchen, 2–3 Weibchen) halten. Zeitweise Männchen von Weibchen getrennt halten, um die Fortpflanzungsbereitschaft zu steigern. Weibchen legen mehrmals 1, selten 2 Eier. Die Eier in feuchtem Vermiculit und in bestimmten Temperaturen-/Zeitabständen künstlich inkubieren. Die ersten 4 Monate bei 30 °C, die folgenden 6 Wochen bei 27 °C und danach bei 31 °C, dann schlüpfen Jungtiere nach 208–270 Tagen.

10–12 cm | Typ H/G SCL x 4–5/ WH flache Schale | L 24–28 °C/WS 45 °C | nein

Pyxis planicauda (GRANDIDIER, 1867)

Madagassische Flachrückenschildkröte

Verbreitung und Lebensraum: W-Madagaskar: Bereich Mouroundava (Province Tulear). Lebt in Laubwäldern und Buschbereichen des trockenen Flachlandes, die aber weniger trocken sind als die weiter südlich liegenden Buschzonen, in denen *P. arachnoides* lebt.

Aussehen: Carapax länglich, dorsal etwas abgeflacht. Nackenschild mit schmaler Kerbe. Wirbelschilder breiter als lang, mit leicht eingedrückter gelber Mitte und besitzt ausgeprägte dunkle Jahresringe. Hintere Randschilder heruntergebogen. Bei älteren Exemplaren ist der äußere Rand der Wirbelschilder gelb eingefasst. Jedes Randschild dunkel und mit gelbem Streifen. Der Bauchpanzer hat weder ein Scharnier noch eine Analkerbe. Er ist gelb mit einigen dunklen Flecken oder Strahlen entlang der Seiten. Ihr dunkelbrauner bis schwarzer Kopf ist mittelmäßig groß und mit variablen gelben Markierungen ausgestattet. Die Schildkröten besitzen keine vorspringende Schnauze, aber einen leicht gehakten Oberkiefer. Ihre Gliedmaßen sind gelb, an jedem Fuß befinden sich fünf Zehen. Der Schwanz ist abgeflacht und endet in einem hornigen Endnagel. Männchen haben einen längeren und dickeren Schwanz und die Kloakenöffnung liegt näher an der Schwanzspitze, als bei den Weibchen.

Pflege/Vermehrung: Allesfresser mit Vorliebe für Vegetarisches. Haltung und Pflege wie *Pyxis arachnoides* jedoch Bodengrund stellenweise etwas feuchter halten, im Sommer etwas mehr sprühen.

18–20 cm | Typ D/G SCL x 6/ WH SCB x 1 | L 24–28 °C/ WS 35 °C/W 24–26 °C | nein

Rhinoclemmys areolata DUMÉRIL & BIBRON, 1851

Gefurchte Erdschildkröte

Verbreitung und Lebensraum: Mexiko: Atlantikküste vom S-Veracruz bis zur Yucatán-Halbinsel, und Belize sowie bis N-Guatemala und NW-Honduras. Wiesen und Savannen, aber auch Sümpfe und Waldbereiche.

Aussehen: Hoch gewölbter Carapax mit Mittelkiel. Hinterer Panzerrand leicht gesägt und abgeflacht. Rückenpanzer oliv, mit dunklen Rändern, manchmal ocker oder fast schwarz. Plastron gelb mit zentralen dunklen Flecken. Kopf klein. Im Nacken befinden sich zwei rote oder gelbe, längliche Flecken, die zwischen dem Auge und dem Trommelfell durch einen weiteren gelben Streifen verbunden sind. Schwarze Punkte und Ozellen findet man am Kinn und auf den Kiefern. Hinter dem Auge verläuft ein roter oder gelber seitlicher Streifen zum Hals. Die Schildkröten besitzen nur kleine Schwimmhäute zwischen den Zehen. Männchen bleiben kleiner. Schlüpflinge haben auf jedem Rippenschild einen roten oder gelben Fleck, der manchmal schwarz eingefasst ist.

Pflege/Vermehrung: Allesfresser. Verzehren je nach Angebot animalische und vegetative Kost. Gut in Gruppen (1 Männchen, 2–3 Weibchen) zu halten. Hält man zeitweise die Geschlechter getrennt und setzt sie dann wieder zusammen, kommt es zu Paarungen. Weibchen legen pro Gelege nur 1–2 Eier. Bebrütet man sie bei Temperaturen zwischen 28–32 °C, schlüpfen Jungtiere nach etwa 61–83 Tagen. Unbedingt abwechslungsreich ernähren. Wöchentlich einmal ein Vitamin- und Mineralstoffpräparat über das Futter geben.

20–25 cm | Typ D/G SCL x 6/ WH SCB x 1 | L 24–28 °C/ WS 35 °C/W 24–26 °C | nein

Rhinoclemmys diademata (MERTENS, 1954)

Maracaibo-Erdschildkröte

Verbreitung und Lebensraum: Venezuela: Maracaibo-See und Kolumbien; *Rhinoclemmys funerea* (COPE, 1876): Vom Coco-Fluss an der Grenze zwischen Honduras und Nicaragua entlang der Karibikküste bis zum mittleren Panama. Lebt in Sümpfen, Teichen und Feuchtgebieten.

Aussehen: Carapax länglich oval und schwarzbraun. Am Kopf findet man eine gelborange bis gelbweiße, hufeisenförmige Zeichnung und auf der Schnauze einen hellen Fleck, der jeweils bis zum Auge reicht. Außerdem sind helle Seitenstriche vorhanden. Männchen ein etwas konkav geformtes Plastron und einen kräftigeren Schwanz.

Pflege/Vermehrung: Allesfresser, die ebenso gerne tierische wie pflanzliche Kost verzehren. Gruppenhaltung (1 Männchen, 2–3 Weibchen) möglich. Sie befinden sich ebenso häufig im Wasser wie an Land auf und benötigen daher auch einen geräumigen Landteil. Es sind ausgezeichnete Schwimmer und Taucher. Die Weibchen legen gewöhnlich 1–2 Eier. Bei Temperaturen zwischen 28–32 °C und hoher Luftfeuchtigkeit schlüpfen Jungtiere nach 80–100 Tagen. Jungtiere sind unter den gleichen Bedingungen wie die Erwachsenen zu halten und verzehren vorwiegend animalische Kost, besonders gerne bewegliche Tiere (Regenwürmer, Mehlkäferlarven etc.), aber auch Fleischstückchen. Hin und wieder gehen sie auch an Früchte. Einmal wöchentlich sollte man sowohl erwachsenen als auch Jungtieren ein Vitamin- und Mineralstoffpräparat über das Futter streuen.

25–29 cm | Typ D/G SCL x 6/ WH SCB x 1 | L 24–28 °C/ WS 35 °C/W 24–26 °C | nein

Rhinoclemmys melanosterna (GRAY, 1861)

Kolumbianische Erdschildkröte

Verbreitung und Lebensraum: O-Panama bis NW-Kolumbien und südwärts bis zum äußersten NW-Ecuador. Dort leben sie in unterschiedlichen Regionen in Teichen, Tümpeln, Gräben, Sumpfgebieten und Flüssen selbst in Brackwasserbereichen.

Aussehen: Carapax mäßig gewölbt, dunkelbraun bis schwarz und manchmal strukturiert. Rückenkiel gewöhnlich vorhanden. Bauchpanzer mit schwarzer, sehr ausgedehnter Zeichnung. Ihr Kopf ist dunkelbraun bis schwarz. Die Kopfzeichnung besteht aus roten, orangefarbenen oder blassgrünlichen Streifen, die auf dem Schädeldach beginnen, seitlich verlaufen und hinter der Ohröffnung abknicken. Kopfstreifen gehen niemals ineinander über oder überkreuzen sich. Iris gelb oder weiß. Vorderbeine schwarz gefleckt. Männchen bleiben etwas kleiner.

Pflege/Vermehrung: Allesfresser. Manchmal bevorzugen sie mehr animalische, manchmal mehr pflanzliche Kost. Man kann sie problemlos in einer Gruppe (1 Männchen, 2–3 Weibchen) halten, sollte das Männchen aber zeitweise von den Weibchen trennen. Setzt man das Männchen nach einem Wasserwechsel wieder zu den Weibchen, kann man es bald darauf bei der Balz beobachten. Die Weibchen legen pro Gelege 1–4 Eier. Bei Temperaturen zwischen 28–32 °C und hoher Luftfeuchtigkeit schlüpfen Jungtiere gewöhnlich nach 70–93, in Ausnahmefällen kann es bis zum Schlupf sogar über 140 Tage dauern. Nach Ablauf der Inkubationszeit führt ein Erhöhen der Luftfeuchtigkeit oft zum Schlupf.

18–21 cm | Typ D/G SCL x 6/ WH SCB x 1 | L 24–28 °C/ WS 35 °C/W 24–26 °C | nein

Rhinoclemmys pulcherrima manni DUNN, 1930

Costa Rica-Erdschildkröte

Verbreitung und Lebensraum: S-Nicaragua bis NW-Costa Rica. Ursprünglich Buschland- und Waldbewohner in der Nähe von Flüssen.
Aussehen: Mittelgroße Schildkröten mit einer Serie roter oder orange Streifen über der Schnauze. Der Carapax ist rau, mit deutlichen Jahresringen ausgestattet und einem Kiel. Der Kopf ist braun bis grünlich und besitzt eine Serie hellorange oder rote Streifen. Ihre Kiefer und Kehle sind gelb gefärbt. Der Unterkiefer und die Kehle können auch rote Streifen aufweisen. Das Plastron ist gelb mit einem schmalen bis breiteren dunklen Flecken, der Saum kann dunkel gerandet sein. Männchen haben einen kräftigeren Schwanz.
Pflege/Vermehrung: Allesfresser, denen man abwechslungsreiches Futter reichen muss. Man kann sie gut in Gruppen (1 Männchen, 2–3 Weibchen) halten. Es gibt aber auch Halter, die diese Schildkröten nach Geschlechtern getrennt halten. Ein Wasserbecken wird im Terrarium gerne aufgesucht. Setzt man die zuvor getrennt gehaltenen Geschlechter zusammen, kommt es bald zu Paarungen. Die Weibchen können pro Gelege zwischen 1–5 Eier legen. Bei Temperaturen von 28–32 °C und hoher Luftfeuchtigkeit schlüpfen Jungtiere nach 100–147 Tagen, bei etwa 27 °C nach circa 150–160 Tagen. Wichtig: Bei 25 °C schlüpfen männliche, bei 30 °C weibliche Nachkommen. Bei ihrer Aufzucht sind Jungtiere unbedingt abwechslungsreich zu füttern, eventuell auch einzeln aufzuziehen! Wöchentliche Mineralstoff- und Vitamingaben!

19–22 cm | Typ D/G SCL x 6/ WH SCB x 1 | L 24–28 °C/ WS 35 °C/W 24–26 °C | nein

Rhinoclemmys pulcherrima rogerbarbouri ERNST, 1978

Roger Babours Erdschildkröte

Verbreitung und Lebensraum: Mexiko (S-Sonora bis Colima). Vor allem in der Nähe von Flüssen, in deren Bereich Galeriewälder entstanden sind.
Aussehen: Typische *Rhinoclemmys*-Form. Der Carapax ist flach und vorwiegend braun gefärbt. Ihr Kopf ist auf der Oberseite braun bis grünlich, der untere Teil gelblich. Ihre Kiefer und Kehle sind gelb gefärbt. Auf den Rippenschildern befinden sich keine Markierungen, jedoch ist ab und zu ist ein blasser rötlicher Streifen vorhanden. Auf der Unterseite der Randschilder befindet sich ein heller Balken. Das Plastron ist breit, oft verblasst und besitzt zentrale dunkle Flecken. Die Brücke ist braun gefärbt. Männchen haben einen kräftiger ausgebildeten Schwanz.
Pflege und Vermehrung: Allesfresser, die bevorzugt animalische Kost verzehren, hin und wieder auch Früchte. Gruppenhaltung (1 Männchen, 2–3 Weibchen) empfehlenswert. Zur Steigerung der Fortpflanzungsbereitschaft sollte man die Schildkröten zeitweise nach Geschlechtern getrennt halten. Setzt man die Männchen nach einiger Zeit zu den Weibchen, versuchen die Männchen, sich mit ihnen zu paaren. Die Weibchen können pro Gelege zwischen 1–4, maximal 5 Eier legen. Bei Temperaturen von 30–32 °C und hoher Luftfeuchtigkeit schlüpfen gewöhnlich weibliche Jungtiere nach etwa 100–150 Tagen, bei etwa 27 °C männliche nach circa 150–160 Tagen. Jungtiere können gemeinsam aufgezogen werden und benötigen abwechslungsreiche Nahrung!

24–26 cm | Typ D/G SCL x 6/ WH SCB x 1 | L 24–28 °C/ WS 35 °C/W 24–26 °C | nein

Rhinoclemmys punctularia punctularia (DAUDIN, 1801)

Südamerikanische Erdschildkröte

Verbreitung und Lebensraum: NO-Venezuela, Trinidad und Tobago bis NO-Brasilien; Randgebiete größerer Flüsse, Teiche, küstennahe Sumpfgebiete, auch in Wäldern. Leben in und an Gewässern.

Aussehen: Der Carapax ist dunkelbraun bis fast schwarz, flach und gekielt. Das Plastron ist rotbraun bis schwarz und besitzt an den Nähten helle Linien. Die grauen Weichteile haben ein Muster aus schwarzen und gelboliv gefärbten Tupfen. Eine rote Linie, die über dem Auge beginnt und im Nacken endet, grenzt die bräunliche bis olivgrüne Kopfoberseite seitlich ab. In Höhe der Augenwölbung findet man eine rötliche Verbindungslinie. Hierdurch entsteht eine trapezförmige Zeichnung. Vor den Augen je ein roter Fleck. Unter dem Nasenloch beginnt ein gelber Streifen und endet am Hals. Ein anderer beginnt hinter dem Auge und endet am Hinterkopf. Unterkiefer leuchtend gelb. Zehen mit starken Schwimmhäuten ausgestattet. Männchen haben einen dickeren Schwanz.

Pflege/Vermehrung: Allesfresser, die man in Gruppen (1 Männchen, 2–3 Weibchen) halten kann. Die Schildkröten sind oft in der Nahrung wählerisch. Bevorzugen manchmal eher animalische, manchmal eher vegetarische Kost. Die Weibchen legen pro Gelege 1–2 Eier, dies aber mehrmals innerhalb einer Saison. Bebrütet man die Eier bei Temperaturen von 28–32 °C und hoher Luftfeuchtigkeit, schlüpfen Jungtiere gewöhnlich nach 80–100 Tagen. Sie verzehren anfänglich bevorzugt animalische Kost.

14–16 cm | Typ F/G SCL x 6/ WH flache Schale | L 24–28 °C/WS 35 °C | nein

Rhinoclemmys rubida perixantha MOSIMANN & RABB, 1953

Colima-Erdschildkröte

Verbreitung und Lebensraum: SW-Mexiko (Jalisco bis Michocán). Strauch- und Buschzonen sowie feuchte Wälder, auch im Hügelland.
Aussehen: Gelbbrauner bis schokoladenfarbiger, leicht abgeflachter Carapax mit strukurierter Oberfläche. Jedes Schildsegment besitzt dunkle Flecken mit abgesetzten Säumen. Wirbel- und Rippenschilder mit gelbem Zentrum. Rippenschilder dunkler braun als die Wirbel- und Marginalschilder, Randschilder hellbraun und ohne dunkle Sprenkelung. Bauchpanzer gelb mit einem braunen Zentralfleck, Brücke braun. Auf dem Kopf eine breite, hufeisenförmige, gelbe bis rote Zeichnung, im Kieferbereich eine Reihe heller Streifen sowie schwarze Punkte oder Striche. Vom Auge zum Trommelfell zieht ein heller Streifen, ein weiterer vom Mundwinkel zum Trommelfell. Auf den Vorderbeinen gelbe oder rote, schwarz gepunktete Schuppen. Schwimmhäute fehlen. Männchen kräftiger ausgebildeten Schwanz.
Pflege/Vermehrung: Allesfresser, die auch gerne Früchte verzehren. Eine Haltung in Gruppen (1 Männchen, 2–3 Weibchen) ist problemlos. Dennoch zur Förderung der Paarungsbereitschaft das Männchen einige Zeit von den Weibchen trennen. Nach den Paarungen sind Weibchen besonders gut mit Futter zu versorgen. Sie legen pro Gelege immer nur 1–2 längliche Eier (durchschnittlich 62 x 25 mm groß) in die Nistgrube. Bei Temperaturen von 28–32 °C und hoher Luftfeuchtigkeit schlüpfen Jungtiere gewöhnlich nach 78–90 Tagen.

12–15 cm | Typ D/G SCL x 6/ WH SCB x 2–3 | L 25–27 °C/ WS 35 °C/W 24–26 °C | nein

Sacalia bealei (GRAY, 1831)

Chinesische Sumpfschildkröte

Verbreitung und Lebensraum: SO-China von der Provinz Fuijan bis zur Provinz Guangdong. Bergbäche, tiefe Tümpel des tropischen und subtropischen Regenwaldes. In China soll sich das Vorkommen auf die Küstenregionen beschränken.

Aussehen: Carapax mit schwachem Mittelkiel, Rand glatt. Grundfarbe gelblich braun bis schwarzbraun, mit dunkler Würmchenzeichnung. Plastron gelblich, mit verwaschenen, schwarzen, unregelmäßigen Punkten oder Strichen. Manche Exemplare mit symmetrischer, ringförmiger Zeichnung. Weichteile bei Weibchen beige bis gelbbraun, Vorderbeininnenseite hellgelbe Fläche, Hals gelbliche Längsstreifen. Männchen rötliches Streifenmuster auf dunkelgrauem Grund. Nacken und Hinterkopf 1 bis 4 Paar Ozellenflecken, die ersten oft nur angedeutet, die weißen oder gelben hinteren mit schwarzem Kern. Selten auch rote Ozellen. Geschlechtsreife Männchen haben eine dunklere Grundfarbe. Die Nickhaut der Augen ist bei Weibchen gelb, bei den Männchen rot.

Pflege/Vermehrung: Sie sind zwar Allesfresser, bevorzugen jedoch animalische Kost. Diese Schildkröten hält man am besten einzeln und bietet ihnen im Verlauf des Jahres eine etwa zweimonatige Überwinterung bei Temperaturen von 4–6 °C. Zur Paarung setzt man die Männchen kontrolliert zu den Weibchen. Die Weibchen können später 2–6 Eier legen. Bei einer Temperatur von circa 28 °C und hoher Luftfeuchtigkeit (90–95 %) schlüpfen Jungtiere im Durchschnitt nach 72 Tagen.

15–18 cm | Typ D/G SCL x 6/ WH SCB x 2–3 | L 25–27 °C/ WS 35 °C/W 24–26 °C | nein

Sacalia quadriocellata (SIEBENROCK, 1903)

Vietnamesische-Pfauenaugen-Sumpfschildkröte

Verbreitung und Lebensraum: S-China: Provinzen Jiangxi und Guangdong bis N-Vietnam und NO-Laos. Ströme und Flüsse im Hügelland von 100 bis 400 ü. NN.

Aussehen: Carapax mit schwachem Kiel, meist dunkelbraun oder mit dunkler Strichzeichnung. Plastron im vorderen Bereich gestutzt, hinteren leicht erweitert. Bei Jungtieren Oberkiefer noch keine Kerbe. Kopfoberseite einfarbig oliv oder schokoladenbraun, zwei gelbe Ozellen auf jeder Kopfhinterseite. Jede Ozelle in der Mitte mit schwarzem Punkt. Gelbe Streifen am Nacken und Kehle. Plastron gelb und mit kleinen dunklen Flecken. Männchen sehr ausgeprägte orangerote Flecken an Hals und Gliedmaßen. Ozellen haben bei Männchen an jeder Seite einen gräulichen oder weißlichen Ring, bei Weibchen Umrandung nur gelb ohne Ring. Männchen flacheren, schmaleren und längeren Schädel.

Pflege/Vermehrung: Allesfresser, die jedoch animalische Kost bevorzugen. Gehen selten an pflanzliche Nahrung. Man hält diese Pfauenaugen-Sumpfschildkröte am besten einzeln und gönnt ihnen für einige Zeit bei Temperaturen von etwa 15–20 °C eine ruhigere Phase. Anschließend setzt man die Männchen zu den Weibchen. Die Weibchen sind nicht sehr produktiv, denn sie legen innerhalb eines Jahres offenbar nur 1–2 Eier. Bebrütet man die Eier bei einer Temperatur von 28 °C und einer relativen Luftfeuchtigkeit von 90–95 %, schlüpfen nach etwas über 70 Tagen die Jungtiere. Unbedingt abwechslungsreich füttern.

18–20 cm | Typ D/G SCL x 6/ WH SCB x 2–3 | L 25–27 °C/ WS 35 °C/W 24–26 °C | nein

Siebenrockiella crassicollis (GRAY, 1831)

Dickhalsschildkröte

Verbreitung und Lebensraum: S-Myanmar, Thailand, Kambodscha, W-Laos und S-Vietnam über die Malaiische Halbinsel (Malaysia, Singapur) bis Sumatra, Java, Borneo und benachbarte Inseln (Indonesien). Sumpfgebiete, vegetationsreiche Teiche, Tümpel, langsam fließende Flüsse und Kanäle.

Aussehen: Der Carapax ist fast schwarz, besitzt einen Mittelkiel und ist bei Jungtieren noch deutlich gesägt. Das Plastron und die Weichteile sind ebenfalls schwarz. Charakteristisch ist die weiße Augenumrandung. Schläfenregion und Unterkiefer besitzen weitere weiße Makeln. Zwischen Auge und Trommelfell befindet sich ein Streifen gekörnelter Haut. Männchen haben ein konkav geformtes Plastron. Ihr Schwanz ist auch länger und die Schwanzwurzel kräftiger ausgebildet.

Pflege/Vermehrung: Allesfresser mit Vorliebe für animalische Kost. Neben Rindfleisch- oder gekochten Geflügelstückchen bietet man ihnen auch lebende Regenwürmer, Insekten u. Ä. Man kann sie gut in Gruppen (1 Männchen, 2–3 Weibchen) halten. Es ist aber empfehlenswert, die Männchen zeitweise oder überhaupt von den Weibchen getrennt zu halten und sie nur einige Tage zur Paarung zu den Weibchen zu setzen. Die Weibchen legen pro Gelege 1–2 Eier, dies aber mehrmals im Jahr. Bei Temperaturen von 27–30 °C und einer relativen Luftfeuchtigkeit von 75–80 % schlüpfen Jungtiere nach 68–84 Tagen, bei konstant 25 °C nach etwa 112 Tagen und bei 30 °C: nach 72 Tagen. Ihre Aufzucht kann in Gruppen erfolgen.

12–15 cm | Typ A/G SCL x 4/ WH SCB x 2 | L 25–27 °C/ W 24–26 °C | nein

Sternotherus minor AGASSIZ, 1857

Zwerg-Moschusschildkröte

Verbreitung und Lebensraum: *St. m. minor* (AGASSIZ, 1857): USA (Zentralgeorgia und SO-Alabama bis Zentralflorida); *St. m. peltifer* SMITH & GLASS, 1947: USA (O-Tennessee und SW-Virginia bis O-Mississippi und Alabama). Stehende und sehr langsam fließende Gewässer mit weichem Bodengrund sowie Quellbereiche.
Aussehen: Hellbrauner bis schwarzer Carapax mit drei Kielen, im Alter bilden sich die seitlichen zurück. Schilde mehr oder weniger deutliches Strahlenmuster aus schwarzen Strichen. Plastron gelblich. Zwischen den Schilden breite Bindegewebsstreifen. Kopf graubraun, dunkel gestrichelt, recht groß. Beine kurz und dünn. Unterkiefer zwei Barteln. Männchen längeren Schwanz mit Endnagel, oft konkav geformtes Plastron. Alte Männchen besitzen einen deutlich größeren Kopf.
Pflege/Vermehrung: Diese Allesfresser bevorzugen vor allem animalische Kost. Man sollte diese Schildkröten grundsätzlich einzeln halten und lediglich zur Paarung das Männchen zu Weibchen setzen. Diesen Schildkröten ist eine 2–3 Monate dauernde Ruhephase bei Temperaturen von circa 10 °C zu ermöglichen. Die Weibchen legen meist 3–4, maximal 6 Eier. Bei Temperaturen um 27 °C und einer relativen Luftfeuchtigkeit von 90–95 % schlüpfen Jungtiere nach circa 115 Tagen, bei 25–30 °C nach 61–119 (100–130) Tagen. Bei schwankenden Temperaturen zwischen 22–32 °C erfolgt der Schlupf nach 99–103 Tagen. Bei 25 °C entstehen zu 76–80 % Männchen, bei Temperaturen von 22,5–24 und 30–32 °C Weibchen

13–18 cm | Typ A/G SCL x 4// WH SCB x 2 | L 25–27 °C/ W 24–26 °C | nein

Sternotherus carinatus GRAY, 1855

Dach-Moschusschildkröte

Verbreitung und Lebensraum: S-USA: von O-Oklahoma und Texas bis O-Mississippi. Dicht bewachsene Ufer von Bächen und ruhigen Flüssen, Strömen, aber auch Schwemmbereiche mit weichem Untergrund und stellenweise dichter Vegetation.

Aussehen: Carapax mit dachfirstartigem Längskiel. Rückenpanzer variiert zwischen hell hornfarben oder hellbraun und oliv, Weibchen wirken oft etwas heller und besitzen oft fast keine Zeichnung. Wirbelschilder sind nach hinten spitz auslaufend angeordnet. Im Bereich der Wachstumsfelder findet man bei Erwachsenen eine mehr oder weniger deutlich ausgeprägte schwarze Zeichnung in Form radiär nach hinten ziehender Striche und Flecken. Plastron stellenweise, vor allem längs der Mittellinie, rückgebildet und durch helle Hautpartien ersetzt. Zwischen den Brust- und Bauchschildern befindet sich ein schwach bewegliches, bindegewebsartiges Quergelenk. Die Nase der Schildkröten ist recht lang und ragt einige Millimeter über die Hornscheiden des Oberkiefers hinaus. Am Kinn befinden sich 3–4 Millimeter lange Barteln. Männchen dickere Schwanzwurzel.

Pflege/Vermehrung: Fressen ausschließlich animalische Kost. Einzelhaltung erforderlich. Eine 2-monatige Ruhephase bei Temperaturen von 4–8 °C ist sinnvoll. Anschließend setzt man Männchen kurz und kontrolliert zu Weibchen. Weibchen legen meist 3–4 Eier, maximal 6. Bei einer Bruttemperatur von 25 °C entstehen Männchen, bei 21,5–22,5 und 28–30 °C Weibchen.

12–14 cm | Typ A/G SCL x 4/ WH SCB x 2 | L 25–27 °C/ W 24–26 °C | nein

Sternotherus odoratus LATREILLE, 1802

Gewöhnliche Moschusschildkröte

Verbreitung und Lebensraum: SO-Kanada: Ontario und S-Quebec, O-USA: Maine bis S-Wisconsin, Texas und Florida, Mexiko: Einzelfund in Chihuahua. Alle möglichen stehenden und leicht fließenden Süßgewässer mit weichem, schlammigem Bodengrund.

Aussehen: Carapax graubraun bis schwarz, bei erwachsenen Tieren zeichnungslos. Jungtiere mit schwarzem Strahlenmuster auf den Schildern und Mittelkiel. Zwischen den einzelnen Schildern des gelblichen bis braunen, teilweise zurückgebildeten Bauchpanzers befinden sich breite Bindegewebsnähte. Von der Schnauzenspitze zieht über und unter dem Auge je ein heller Streifen bis zum Hals. Die Weichteile zeigen ein verwaschenes Graubraun. Unter dem Kinn findet man mehrere Barteln. An den Füßen befinden sich jeweils vier Zehen. Männchen erkennt man am längeren Schwanz und hornigen Endnagel, den vergrößerten Hornschuppen auf den Innenseiten der Hinterbeine und der breiteren Bindegewebsnaht im Bereich der Plastron-Mittellinie.

Pflege/Vermehrung: Die Schildkröten ernähren sich nur von tierischer Kost, sind untereinander oft aggressiv. Einzelhaltung! Eine Ruhephase von 2 Monaten (4–8 °C) steigert anschließend die Fortpflanzungsbereitschaft. Weibchen legen meist 3–4 Eier. Maximal können bis 8 Eier gelegt werden. Bei Temperaturen von 25–30 °C schlüpfen Jungtiere nach 61–77 (–132) Tagen, bei 28 °C nach 65–72 Tagen. Bei 25 °C entstehen Männchen, bei 21,5–22,5 und 28–30 °C Weibchen.

bis 70 cm | *Typ H/G SCL x 8 / WH flache Schale* | L 23–28 °C/WS 45 °C | nein

Stigmochelys pardalis babcocki (LOVERIDGE, 1935)

Pantherschildkröte

Verbreitung und Lebensraum: Östliches und südliches Afrika von Angola und dem Sudan bis zum Osten Südafrikas. Von der Küste bis in Hochlandsavannen in 2900 m ü. NN. Vor allem offene, trockene Savannen mit Möglichkeiten, der intensiven Sonneneinstrahlung auszuweichen. Außerdem in Halbwüsten (Jahresniederschlag circa 100 mm), auch Wälder mit bis zu 1400 mm Jahresniederschlag.

Aussehen: Der Carapax ist hoch gewölbt. In der Nackenregion findet man tiefe Kerben. Es sind 10 bis 12 Randschilder vorhanden, die hinteren sind gesägt. Die Carapaxzeichnung besteht aus schwarzen und gelben Flecken. Manche Exemplare sind lediglich blassgelb und zeichnungslos. Auf den Oberschenkeln findet man kegelförmige Sporne. Jungtiere sind hellbraun und haben schwarz umrandete Rückenschilder. Männchen besitzen einen längeren und dickeren Schwanz.

Pflege/Vermehrung: Die groß werdenden Tiere benötigen raumgroße Terrarien. Obwohl sie auch hin und wieder animalische Kost nehmen, sind sie doch vorwiegend Vegetarier. Man kann sie in Gruppen (1 Männchen, 2–3 Weibchen) halten. Ein flaches Wasserbecken wird gerne aufgesucht. Die Weibchen legen meist zwischen 4–19 Eier, maximal bis 30. Man bebrütet sie in leicht feuchtem Substrat. Bei Temperaturen von 28–32 °C und einer relativen Luftfeuchtigkeit von 65–80 % dauert es bis zum Schlupf der Jungtiere meist 110–200 Tage. Erhöht man die Luftfeuchtigkeit, können die Jungtiere auch schon nach 85–98 Tagen schlüpfen.

16–20 cm | Typ F/G SCL x 6/ WH flache Schale | L 23–28 °C/ WS 35 °C | warme Sommermonate

Terrapene carolina carolina LINNAEUS, 1758

Gewöhnliche Dosenschildkröte

Verbreitung und Lebensraum: USA: Georgia und äußerster Norden von Florida bis Illinois, bis zum südlichen Michigan, Massachusetts und zum äußersten Süden von Maine. Waldränder und offene Wälder, Feuchtwiesen, Wiesen und entlang von Gräben und langsam fließenden Bächen.

Aussehen: Ihr Carapax ist gelblich bis braun, hoch aufgewölbt und gekielt. Auf jedem Schild befindet sich ein sehr variables, gelbliches bis orangefarbenes Flecken-Streifenmuster. Das Plastron ist einfarbig bräunlich oder mit dunklen Elementen versehen. Ihre Weichteile sind bräunlich bis rötlich braun, mit roten oder gelben Strichen/Tupfen. Der Kopf ist gelb gefleckt/gestrichelt. Es gibt relativ einfarbige und sehr bunte Exemplare. Männchen haben eine rote Iris, Weibchen gelblich braune. Männchen kurze, stämmige Hinterbeine, Weibchen längere und dünnere. Die Hinterfußklauen der Männchen sind kurz, gestaucht und etwas gebogen, die der Weibchen länger, schlanker und gerader.

Pflege/Vermehrung: Allesfresser, die animalische Kost bevorzugen, aber auch zum Beispiel Pilze, Früchte und Kräuter fressen. Man hält sie am besten einzeln. Eine große flache Wasserschale sollte vorhanden sein. Exemplare aus dem Norden können bei 4–8 °C eine Ruhephase einlegen. Die Weibchen legen 2–7 Eier pro Gelege. Bei Temperaturen von 26–30 °C und hoher Luftfeuchtigkeit schlüpfen Jungtiere nach 52–60 Tagen. Bei 21,5–25 °C schlüpfen männliche, bei 30–31 °C weibliche Nachkommen.

17–19 cm | Typ F/G SCL x 6/ WH flache Schale | L 23–28 °C/WS 35 °C | nein

Terrapene carolina bauri Taylor, 1895

Florida-Dosenschildkröte

Verbreitung und Lebensraum: USA: Halbinsel Florida und äußerster Südosten Georgias. Feuchtwälder und -wiesen.

Aussehen: Relativ hoch gewölbter Carapax mit ansprechender Zeichnung, bestehend aus hellern radialen Linien auf dunklem Grund. Diese Linien können auf manchen Schildern durchbrochen oder unregelmäßig sein. Auch die Linien am Kopf können unterbrochen oder unvollständig sein. An jedem Hinterfuß befinden sich gewöhnlich nur drei Zehen. Männchen haben einen konkav geformten Bauchpanzer und kräftiger ausgebildeten Schwanz.

Pflege/Vermehrung: Allesfresser. Obwohl sie animalische Kost bevorzugen, gehören auch Früchte zu ihrer Nahrung. Am besten hält man die Schildkröten einzeln. Setzt man die Männchen in größeren Abständen zu den Weibchen, kommt es oft zur Paarung. Eine flache Wasserschale muss im Terrarium vorhanden sein. Ein Gelege umfasst meist zwischen 2–4 Eier. Innerhalb einer Saison sind mehrere Gelege möglich. Bei Temperaturen von 30–32 °C und einer hohen Luftfeuchtigkeit schlüpfen Jungtiere nach 50–60 Tagen, bei schwankenden Temperaturen zwischen 28–30 °C schlüpfen Jungtiere nach circa 60 – 80 Tagen. Auch Jungtiere sollte man einzeln aufziehen und sehr abwechslungsreich füttern. Besonders gerne verzehren sie lebende Tiere, wie Regenwürmer, Mehlkäferlarven, ab und zu auch Nackt- und Gehäuseschnecken. Man kann sie auch an Geleefutter gewöhnen, in das man z. B. neben Hackfleisch und Früchte auch Mineralstoff- und Vitamingaben geben kann.

18–22 cm | Typ F/G SCL x 6/ WH flache Schale | L 23–28 °C/WS 35 °C | nein

Terrapene carolina major (AGASSIZ, 1857)

Golfküsten-Dosenschildkröte

Verbreitung und Lebensraum: USA: Südliches Louisiana, südliches Mississippi und südliches Alabama bis nordwestliches Florida und südwestliches Georgia. Feuchtwiesen, Wälder und entlang von Gräben und Bächen.

Aussehen: Dies ist die größte *Terrapene carolina*-Unterart. Der Carapax ist länglich. Meist fehlen darauf Markierungen oder sind undeutlich schwarz oder beige pigmentiert. Das Plastron ist einfarbig bräunlich oder mit dunklen Elementen versehen. Ihre Weichteile sind bräunlich bis rötlichbraun, mit roten oder gelben Strichen/Tupfen. Der Kopf ist oft recht dunkel und gelb gefleckt/gestrichelt. Diese Dosenschildkröten besitzen vier Zehen. Männchen haben einen kräftigeren Schwanz.

Pflege/Vermehrung: Allesfresser, die animalische Kost bevorzugen. Sie verzehren aber auch Früchte und Pilze. Einzelhaltung empfehlenswert. Ab und zu setzt man sie zur Paarung zusammen. In den Sommermonaten kann man sie in einer Freilandanlage auch gemeinsam halten. Eine flache Wasserschale sollte zur Verfügung stehen (Baden und Trinken). Die Tiere sollten von Ende Dezember bis Ende Februar eine Winterruhe (nicht -starre!) bei circa 16 °C und abgeschalteter Beleuchtung halten. Die Weibchen können innerhalb einer Saison bis zu viermal zwischen 2–6 Eier legen. Bei Temperaturen von circa 30–32 °C und einer hohen Luftfeuchtigkeit schlüpfen Jungtiere nach 50–60 Tagen, bei Temperaturen zwischen 28 und 30 °C schlüpfen Jungtiere nach circa 60–80 Tagen.

15–18 cm | Typ F/G SCL x 6/ WH flache Schale | L 23–28 °C/ WS 35 °C | nein

Terrapene carolina mexicana (Gray 1849)

Mexikanische Dosenschildkröte

Verbreitung und Lebensraum: N-Mexio, von Tamaulipas und dem äußersten Südosten von San Luis Potosi südwärts bis Veracruz. Feuchte Stellen in Wäldern, Feuchtgebiete und Ähnliches.
Aussehen: Der Carapax ist hoch gewölbt und lang. Das 3. Wirbelschild besitzt außerdem noch einen kleinen Höcker. Die hinteren Randschilder flachen nur wenig ab. Ihr Carapax ist meist blassgelb bis bräunlich und erinnert an den von *Terrapene carolina triunguis*. Er hat aber dunkle Verbindungsstreifen auf den Schilden. An ihren Hinterfüßen befinden sich nur drei Zehen. Männchen besitzen einen dickeren Schwanz.
Pflege/Vermehrung: Die Allesfresser bevorzugen animalische Kost. Nur selten verzehren sie auch Früchte und andere Pflanzenteile. Am besten hält man die Schildkröten einzeln. Zur Paarung setzt man für einige Zeit ein Männchen zu den Weibchen und trennt die Geschlechter anschließend wieder. Im Terrarium muss sich eine flache Wasserschale befinden, in der sie gerne Baden und Trinken. Die Weibchen legen gewöhnlich zwischen 2–4 Eier. Bei Temperaturen von 30–32 °C und einer hohen Luftfeuchtigkeit schlüpfen Jungtiere nach 50–60 Tagen, bei schwankenden Temperaturen zwischen 28–30 °C schlüpfen Jungtiere nach circa 60–80 Tagen. Auch Jungtiere sollte man einzeln aufziehen und sehr abwechslungsreich füttern. Die wöchentlichen Mineralstoff- und Vitamingaben nicht vergessen. Bei guter Pflege können diese Dosenschildkröten nach etwa 6–7 Jahren geschlechtsreif werden.

13–18 cm | Typ F/G SCL x 6/ WH flache Schale | L 23–28 °C/ WS 35 °C | warme Sommermonate

Terrapene carolina triunguis AGASSIZ, 1857

Dreizehen-Dosenschildkröte

Verbreitung und Lebensraum: USA: Östliches Texas bis südöstliches Kanada, nördliches Missouri, südliches Illinois, südliches Alabama, südwestliches Georgia und nordwestliches Florida. Waldränder und offene Wälder, Feuchtwiesen, Wiesen und entlang von Gräben und langsam fließenden Bächen sowie anderen Gewässern.
Aussehen: Ihr Carapax ist einfarbig oliv oder mit hornfarbenen Bereichen. Das Plastron ist oft einfarbig hornfarben oder gelb. Am Kopf und an den Vorderbeinen findet man blasse, gelbe Flecken. Gewöhnlich befinden sich an den Hinterfüßen drei, manchmal aber auch vier Zehen. Der Kopf der Männchen kann kräftig rot gefärbt sein. Männchen haben im Vergleich zu den Weibchen einen dickeren Schwanz.

Pflege/Vermehrung: Die Allesfresser bevorzugen animalische Kost, verzehren aber hin und wieder Früchte und Pilze. Am besten hält man die Schildkröten einzeln oder zumindest nach Geschlechtern getrennt. Zur Paarung kann man sie dann gemeinsam in den Sommermonaten in einer Freilandanlage halten. Eine flache Wasserschale wird gerne zum Baden und Trinken aufgesucht. Eine 10- bis 12-wöchige Überwinterung bei Temperaturen von 4–8 °C ist sinnvoll. Weibchen legen zwischen 2–6, maximal sogar bis 8 Eier. Bei Temperaturen von circa 30–32 °C und einer hohen Luftfeuchtigkeit schlüpfen Jungtiere nach 50–60 Tagen, bei schwankenden Temperaturen zwischen 28 und 30 °C, ± 0,1 °C schlüpfen Jungtiere nach circa 60–80 Tagen. Wöchentliche Vitamin- und Mineralstoffgaben erforderlich!

12–16 cm | Typ F/G SCL x 6/ WH flache Schale | L 23–28 °C/ WS 45 °C | nein

Terrapene ornata ornata (Agassiz, 1857)

Östliche Schmuck-Dosenschildkröte

Verbreitung und Lebensraum: USA: Texas und östliches New Mexiko bis zum äußersten Südosten Wyomoings, bis zum südlichen South Dakota, südwestlichen Wisconsin, westlichen Indiana und südwestlichen Louisiana. Wenig an feuchte Stellen gebunden, leben mehr in steppenartigen Gebieten und niedrig bewachsenem Grasland.
Aussehen: Carapax schwarzbraun und gewöhnlich flacher als der der meisten *Terrapene*-Arten. Carapax und Bauchpanzer mit ansprechender gelb/schwarze Strahlenzeichnung. Eine gelbe Linie zieht über die Rückenmitte. Kopf und Gliedmaßen sind gelb bis orange, hin und wieder auch rötlich gefleckt. Männchen mit roter, Weibchen mit gelblich brauner Iris. Bei den Männchen findet man an beiden Hinterbeinen eine nach vorne gerichtete erste Zehe (Kopulationskralle). Schwimmhäute kaum ausgebildet.
Pflege/Vermehrung: Die Allesfresser verzehren vorwiegend animalische Kost, verschmähen aber auch Früchte und Pilze nicht. Einzelhaltung empfehlenswert! Eine flache Wasserschale wird hin und wieder gerne aufgesucht. Einige Wochen sollte man die Tiere im Winter etwas kühler halten. Anschließend setzt man Männchen zu Weibchen. Diese können zwischen 2–8 Eier legen. Bei einer Temperatur von 29 °C und hoher Luftfeuchtigkeit schlüpfen Jungtiere nach 56 Tagen, bei Temperaturen um 30–32 °C sowie anfänglich hohe Luftfeuchtigkeit nach 48–55 Tagen und bei 29–31 °C nach 48–56 Tagen. Jungtiere kann man in Gruppen aufziehen.

25–30 cm | Typ H-I/G SCL x 8/ WH flache Schale | L 24–28 °C/ WS 45 °C | fast ganzjährig

Testudo graeca anamurensis WEISSINGER, 1987

Anamur-Landschildkröte

Verbreitung und Lebensraum: Zentrale Mittelmeerküste der Türkei, entlang der Südküste vom Bey-Gebirge bei Antalya in Richtung Osten bis nach Mersin. Buschlandschaften und Randbereiche landwirtschaftlich genutzter Flächen.
Aussehen: Der Carapax ist langgestreckt-trapezförmig und relativ flach. Die Carapaxzeichnung besteht meist aus einer deutliche Fleckenzeichnung, kann aber auch sehr dunkel sein. Auf dem Plastron findet man eine scharf begrenzte Zeichnung aus braunen bis schwarzen Flecken. Diese können zwischen 20 und 100 % der Plastronfläche bedecken. Kinn und Kehle sind gewöhnlich weißgelb gefärbt. Der Kopf kann einfarbig dunkel aber auch unregelmäßig gelb gefleckt sein. Im Jugendstadium ist manchmal ein Schnauzendreieck vorhanden. Männchen haben einen dickeren und längeren Schwanz.
Pflege/Vermehrung: Allesfresser, die jedoch vegetarische Kost bevorzugen. Obwohl man sie auch in Gruppen mit einem Weibchenüberschuss halten kann, sollte man sie größtenteils nach Geschlechtern getrennt halten. Eine Wasserschale muss vorhanden sein. Außerdem müssen sie in den Sommermonaten unbedingt im Freiland gehalten werden! Überwinterung für 2–4 Monate bei 4–6 °C. Die Weibchen legen meist 4–6, maximal sogar bis 10 Eier. Bei Temperaturen von 28–31 °C schlüpfen Jungtiere nach 61–80 Tagen. Bei 26–30 °C schlüpfen männliche, bei 32–33 °C weibliche Nachkommen.

15–20 cm | Typ H-I/G SCL x 8/ WH flache Schale | L 24–28 °C/ WS 45 °C | warme Sommermonate

Testudo graeca nabeulensis HIGHFIELD (1990)

Tunesische Landschildkröte

Verbreitung und Lebensraum: N-Algerien, Tunesien, NW-Libyen, eingeführt in Italien (Sardinien!). Kann die verschiedensten Lebensräume besiedeln. Wichtig sind genügend Deckung und Schattenplätze sowie Vegetation als Nahrungsgrundlage.

Aussehen: Der Carapax ist meist gelblich, bräunlich bis grünlich. An den Rändern und in der Mitte der Schilder befindet sich eine dunkle Zeichnung. Besonders Jungtiere sind sehr ansprechend und kontrastreich gefärbt. Auf dem Plastron findet man entlang der helleren Zone in der Mitte einen dunkel pigmentierten Bereich. Ihre Weichteile sind graugelblich gefärbt. An jedem Fuß befinden sich fünf Krallen, und die Schuppen an den Vorderbeinen sind ziemlich kräftig. Auf den Oberschenkeln findet man einen einzelnen, kegelförmigen Sporn. Die Schildkröten haben am Schwanzende keinen Hornnagel. Männchen haben einen dickeren, längeren Schwanz und ein konkav geformtes Plastron.

Pflege/Vermehrung: Allesfresser, die jedoch vegetarische Kost bevorzugen. Sie gelten als sehr empfindlich und dürfen höchstens in den Sommermonaten im Freien gehalten werden. Nach Geschlechtern getrennt halten und nur zur Paarung zusammensetzen. Benötigen eine höhere Luftfeuchtigkeit und baden gerne. Flache Wasserschale erforderlich. Im Winter hält man sie für einige Wochen nur etwas kühler. Die Weibchen legen pro Gelege gewöhnlich 2–4 Eier. Bei Temperaturen von 30–32 °C schlüpfen Jungtiere nach 61–71 Tagen.

16–22 cm | Typ G/G SCL x 8/ WH flache Schale | L 24–28 °C/ WS 45 °C | fast ganzjährig

Testudo hermanni boettgeri MOJSISOVICS, 1889

Griechische Landschildkröte

Verbreitung und Lebensraum: Türkei, europäischer Teil, Bulgarien, Rumänien bis Griechenland, Mazedonien, Albanien, Serbien, Kosovo, Montenegro und Kroatien. Können die verschiedensten Lebensräume besiedeln, vor allem im Küstenbereich. Man findet die Tiere in Buschlandschaften ebenso wie auf Kulturflächen.
Aussehen: Carapax oval bis elliptisch geformt. Das Schwanzschild ist gewöhnlich geteilt, Schwanzspitze mit hornigem Endnagel. Sie können eine gelblich orange, bräunliche oder grünliche Grundfarbe aufweisen, mit unterschiedlichen dunkleren Pigmentschichten. Plastron ungefleckt oder gefleckt, die Mittelnaht der Brustschilder ist gleich lang oder länger als die der Schenkelschilder. An jedem Fuß befinden sich fünf Krallen. Männchen bleiben kleiner als Weibchen und haben einen längeren, dickeren Schwanz sowie ein konkav geformtes Plastron. Außerdem sind bei ihnen die Randschilder über den Hinterbeinen etwas größer und mehr gewölbt als bei den Weibchen.
Pflege/Vermehrung: Allesfresser. Sie bevorzugen jedoch vegetarische Kost und sollten außerhalb der Paarungszeit nach Geschlechtern getrennt gehalten werden. Eine Wasserschale muss vorhanden sein. Sie müssen unbedingt im Freiland gehalten werden! Überwinterung für 4–5 Monate bei 4–6 °C. Weibchen legen meist 4–6, maximal sogar bis 10 Eier. Bei Temperaturen von 28–31 °C schlüpfen Jungtiere nach 54–79 Tagen. Bei 25–30 °C schlüpfen männliche, bei 33–34 °C weibliche Nachkommen.

20–22 cm | Typ G/G SCL x 8/ WH flache Schale | L 24–28 °C/ WS 45 °C/W 4–6 °C | fast ganzjährig

Testudo hermanni hermanni GMELIN, 1789

Italienische Landschildkröte

Verbreitung und Lebensraum: S-Frankreich einschließlich Korsika, Italien einschließlich Sizilien und Sardinien, O-Spanien, Balearen (eingeführt). Können die verschiedensten Lebensräume besiedeln, vor allem im Küstenbereich. Wichtig sind genügend Deckung und Schattenplätze sowie Vegetation als Nahrungsgrundlage. Man findet die Tiere in Buschlandschaften ebenso wie auf Kulturflächen.

Aussehen: Carapax elliptisch geformt, erinnern sehr stark an *Testudo hermanni boettgeri* Schwanzschild gewöhnlich geteilt, Schwanzspitze endet mit Endnagel. Carapax gelblich orange, bräunlich oder grünlich, mit unterschiedlichen dunkleren Pigmentschichten. Carapaxschilder häufig mit dunklem Vorderrand. Die dunklen Flecken auf dem Plastron bilden längs der Mitte zwei breite schwarze Bänder. An jedem Fuß fünf Krallen. Männchen bleiben kleiner als Weibchen, haben längeren, dickeren Schwanz und konkav geformtes Plastron. Randschilder über den Hinterbeinen größer und gewölbt.

Pflege/Vermehrung: Allesfresser, die jedoch Vegetarisches bevorzugen. Man sollte sie außerhalb der Paarungszeit nach Geschlechtern getrennt halten! Unbedingt Freilandhaltung erforderlich. Eine Überwinterung für 3–4 Monate bei 4–6 °C ist erforderlich. Weibchen legen meist 4–5 Eier. Bei Temperaturen von 28–31 °C schlüpfen Jungtiere nach 54–79 Tagen. Entscheidend ist dabei die Höhe der Luftfeuchtigkeit. Bei 25–30 °C schlüpfen männliche, bei 33–34 °C weibliche Nachkommen.

10–14 cm | Typ H/G SCL x 8/ WH flache Schale | L 24–28 °C/ WS 45 °C | nein

Testudo kleinmanni LORTET, 1883

Ägyptische Landschildkröte

Verbreitung und Lebensraum: NO-Ägypten und NO-Libyen. Auf wüstenhafte Bereiche beschränkt, mit durchschnittlichen Temperaturen um 20 °C. In diesen Regionen können die Temperaturen auf maximal 30 °C steigen und bis auf 12 °C sinken.

Aussehen: Carapax stark gewölbt, in der Nackenregion tiefe Kerben. Besitzen auf jeder Seite 11, seltener 10 oder 12 Randschilder. Ihr Nackenschild ist recht groß und hinten viel breiter als vorne. Das Schwanzschild ist ungeteilt. Carapax blassgelb bis grünlichgelb. Es kommen sowohl einfarbig gelbe bis gelbrötlich gefärbte Exemplare als auch Exemplare mit schwarz gefärbten Säumen vor. Einige Schilder besitzen in ihrem Zentrum manchmal einen dunklen Punkt. Das grünlichgelbe Plastron weist häufig einen dunkelbraunen Fleck auf. Plastron-Hinterlappen bei beiden Geschlechtern durch ein Quergelenk beweglich abgesetzt. Vorderbeine mit bemerkenswert großen Schuppen. Jungtiere fast völlig gelb gefärbt. Männchen etwas längeren, dickeren Schwanz.

Pflege/Vermehrung: Allesfresser. Sie bevorzugen jedoch vor allem Vegetarisches. Geschlechtertrennung! Eine Überwinterung entfällt. Zur Paarung zeitweise zusammenhalten. Die Weibchen legen gewöhnlich 1–3 Eier. Bei schwankenden Temperaturen von 30–34 °C und einer relativen Luftfeuchtigkeit von 70–80 % schlüpfen Jungtiere nach 92–95 Tagen, bei 32 °C und hoher Luftfeuchtigkeit nach 78–97 Tagen. Jungtiere sind abwechslungsreich zu füttern und benötigen wöchentliche Vitamin- und Mineralstoffgaben.

30–40 cm | Typ G/G SCL x 8/ WH flache Schale | L 24–28 °C/ WS 45 °C | fast ganzjährig

Testudo marginata SCHOEPFF, 1792

Breitrandschildkröte

Verbreitung und Lebensraum: S-Albanien, Griechenland, vom Olymp in südlicher Richtung, einschließlich Inseln Skyros und Poros, eingebürgert in Italien: Sardinien, Tombolo Livorno. In Macchia/Phrygana und kleinen Wäldern.

Aussehen: Rückenpanzer tiefschwarz, bei jüngeren mit blassgelber Zeichnung. Die hinteren Randschilder im Alter oft weit ausladend (Feuerwehrhelm). Alte Exemplare sind gewöhnlich völlig schwarz. Plastron gelboliv, auf jedem größeren Schild eine schwarze Dreieckszeichnung. An den Beinen fünf Krallen. Jungtiere unterscheiden sich von anderen europäischen Landschildkröten vor allem durch das Fehlen der vergrößerten, spornartigen Schuppen auf den Oberschenkeln, aber auch durch die markante Hell-Dunkel-Färbung jedes einzelnen Plastronschildes. Männchen haben ein konkav geformtes Plastron und einen längeren, dickeren Schwanz.

Pflege/Vermehrung: Allesfresser, die jedoch Vegetarisches bevorzugen. Man hält sie am besten nach Geschlechtern getrennt und setzt die Männchen hin und wieder zu den Weibchen. Überwinterung 4–5 Monate bei 4–6 °C erforderlich. Die Weibchen können zwischen 4–10, maximal sogar bis 14 Eier legen. Bei Temperaturen von 28–31 °C schlüpfen Jungtiere nach 59–77 Tagen, bei 28–32 °C und 60 % relative Luftfeuchtigkeit nach circa 55–75 Tagen.
Bei konstant 28 °C in leicht feuchtem Substrat (Vermiculit, Seramis etc.) entstehen eher Männchen, bei 32 °C eher Weibchen. Der Schlupf erfolgt dann nach 65 bis 80 Tagen.

22–34 cm | Typ D-E/G SCL x 6/ WH SCB x 4–5 | L 24–28 °C/ WS 35 °C/W 22–25 °C | nein

Trachemys decorata (Barbour & Carr, 1940)

Hispaniola-Schmuckschildkröte

Verbreitung und Lebensraum: Insel Hispaniola und Insel Dominica. Gewässer aller Art mit zum Teil dichter Vegetation.

Aussehen: Der Carapax ist grau bis braun, dunkelolivgrün bis grünbraun und leicht gekielt. Die hinteren Randschilder sind leicht gesägt. Das Plastron ist gelb, hat einige einzelne, regellos verstreute schwarze Augenflecken. Sehr kontrastreich gefärbte Weichteile. Ihr hell- bis dunkel olivgrüner Kopf besitzt zahlreiche gelbe und dunkle Linien. Meist ist ein schmaler, hell gelbgrüner Hinteraugenstreifen vorhanden. Iris goldfarben. Ein schwarzer Querbalken zieht durch die Pupille. Die Schnauzenspitze ist leicht nach oben gezogen. Männchen haben einen flacheren Panzer und dickeren Schwanz.

Pflege/Vermehrung: Allesfresser, die man in Gruppen oder nach Geschlechtern getrennt halten kann. Sie bevorzugen jedoch animalische Kost. Sie können ausgezeichnet schwimmen und tauchen und sollten dazu ein geräumiges Wasserbecken haben. Hält man sie nach Geschlechtern getrennt, setzt man Männchen hin uns wieder zu den Weibchen, die im Terrarium einen Eiablageplatz benötigen. Sie können zwischen 6–18 Eier legen. Bei einer Bruttemperatur von 30 °C und hoher Luftfeuchtigkeit schlüpfen die Jungtiere nach 61–80 Tagen. Jungtiere zieht man am besten in Gruppen auf und muss sie sehr abwechslungsreich füttern. Besonders gerne verzehren sie Kleinkrebse, Insektenlarven, Regenwürmer und andere lebende Kleintiere.

28–39 cm | Typ D-E/G SCL x 6/ WH SCB x 4–5 | L 24–28 °C/ WS 35 °C/W 22–25 °C | nein

Trachemys decussata decussata GRAY, 1831

Ostkubanische Schmuckschildkröte

Verbreitung und Lebensraum: M- und O- Kuba; Archipelago de Sabana-Camagey. Langsam fließende und stehende Gewässer aller Art mit zum Teil dichter Vegetation.

Aussehen: Der langgestreckte Carapax besitzt einen gesägten Hinterrand. Bei Erwachsenen ist er relativ hell und mit einer unregelmäßigen Schnörkel- und Konturenzeichnung ausgestattet. Auf dem Plastron findet man entlang der Mittelachse eine dunkle symmetrische Zeichnung. Der Kopf ist zeichnungslos. Männchen besitzen an den Vorderbeinen verlängerte Krallen und einen kräftigeren Schwanz.

Pflege/Vermehrung: Werden nur selten einmal angeboten. Allesfresser, die sowohl animalische als auch vegetarische Kost zu sich nehmen. Bei einem entsprechenden Angebot verzehren sie jedoch vorwiegend animalische Kost. Man kann diese weniger attraktiven Schmuckschildkröten in Gruppen (1 Männchen, 2–3 Weibchen) halten. Vor allem nach einem Wasserwechsel geraten die Männchen häufig in Fortpflanzungsstimmung. Die Weibchen legen gewöhnlich 6–8 Eier. Bebrütet man sie bei 30 °C und hoher Luftfeuchtigkeit, schlüpfen Jungtiere nach 64–78 Tagen. Jungtiere verzehren ausschließlich animalische Kost und können in Gruppen gemeinsam aufgezogen werden. Einmal wöchentlich sollten man ein Mineralstoff- und Vitaminpräparat auf das Futter streuen, bzw. Regenwürmer etc. darin vor dem Verfüttern wälzen und ihnen bei einem flachen Wasserstand reichen, damit diese gleich verzehrt werden.

30–38 cm | Typ D-E/G SCL x 6/ WH SCB x 4–5 | L 24–28 °C/ WS 35 °C/W 22–25 °C | nein

Trachemys emolli LEGLER, 1990

Nicaragua-Schmuckschildkröte

Verbreitung und Lebensraum: Managua- und Nicaragua-See bis zum oberen Rio San Juan in Nicaragua und Costa Rica Gewässer aller Art. Wichtig sind Sonnen- und Versteckplätze, wie teilweise dichte Wasservegetation.

Aussehen: Der grüne bis bräunliche Rückenpanzer ist flach und langgestreckt. Die besonders attraktiven Jungtiere haben noch einen Mittelkiel. Auf den Rippen- und Randschildern befinden sich orangefarbene Ozellen mit einem braunen Mittelpunkt. Als besonders arttypisches Merkmal gilt: Der gelbliche bis orangefarbene Hinteraugenstreifen ist eingeschnürt oder sogar unterbrochen. Männchen haben einen dickeren und längeren Schwanz und besonders lange Krallen an den Vorderbeinen.

Pflege/Vermehrung: Obwohl sie vorwiegend animalische Kost verzehren, gehören hin und wieder auch Pflanzenteile zu ihrer Nahrung. Diese schönen Schmuckschildkröten hält man am besten in Gruppen (1 Männchen, 2–3 Weibchen, bzw. 2 Männchen 4–5 Weibchen). Die Tiere sind sehr sonnenhungrig und liegen oft sehr lange unter dem Wärmestrahler. Die Weibchen sind sehr fruchtbar und können pro Gelege zwischen 7 und 29 Eier produzieren. Bei einer Bruttemperatur von 32 °C schlüpfen Jungtiere nach 49–53 Tagen, bei 29 °C nach 56–63 Tagen. Jungtiere sind am besten in Gruppen aufzuziehen und müssen abwechslungsreich gefüttert werden. Die wöchentlichen Vitamin- und Mineralstoffgaben dürfen nicht vergessen werden, sonst kommt es zu Mangelerkrankungen.

30–38 cm | Typ D-E/G SCL x 6/ WH SCB x 4–5 | L 24–28 °C/ WS 35 °C/W 22–25 °C | nein

Trachemys ornata (Gray, 1831)

Nayarit-Schmuckschildkröte

Verbreitung und Lebensraum: Mexiko: Sinaloa bis Guerrero. Gewässer aller Art. Wichtig sind ruhige Abschnitte mit Sonnenbadeplätzen und Versteckmöglichkeiten (Unterwasservegetation).
Aussehen: Der Carapax ist grünlich bis bräunlich und besitzt auf den Rippenschildern schwarze Ozellen, die fast den ganzen Schild ausfüllen. Die Konturlinien der Ozellenflecken sind zum Teil miteinander verbunden.
Der Bauchpanzer besitzt in der Mitte vier Streifen, die jedoch keine Verbindung zur Analkerbe haben. Der Kopf ist recht groß und mit einem orangefarbenen Band ausgestattet, das vom Auge über die Schläfe zum Halsansatz weiterführt. Der Kehlstreifen ist ungefähr in der Kinnmitte deutlich in zwei Teile unterbrochen. Männchen haben einen dickeren Schwanz.
Pflege/Vermehrung: Wie andere Schmuckschildkröten verzehren sie in erster Linie animalische Kost, ab und zu aber auch Vegetarisches. Sie nehmen ausgedehnte Sonnenbäder und können sehr gut schwimmen und tauchen. Daher bietet man ihnen am besten sehr große Wasserbecken. Reagieren bei stark verschmutztem Wasser empfindlich. Am besten hält man sie in Gruppen (1 Männchen, 2–3 Weibchen). Sind abwechslungsreich zu füttern und vor allem Jungtiere regelmäßig mit Vitamin- und Mineralstoffgaben zu versorgen. Weibchen können pro Gelege 10 Eier und mehr legen. Bei einer Bruttemperatur von 28–32 °C und hoher Luftfeuchtigkeit schlüpfen Jungtiere nach 50–65 Tagen. Sie können in Gruppen aufgezogen werden.

25–31 cm | Typ D-E/G SCL x 6/ WH SCB x 4–5 | L 24–28 °C/ WS 35 °C/W 22–25 °C | warme Sommermonate

Trachemys scripta elegans (Wied, 1838)

Rotwangen-Schmuckschildkröte

Verbreitung und Lebensraum: USA: Mississippi-Flusssystem von Illinois bis zum Golf von Mexiko. Westwärts bis O-New Mexico und ostwärts bis Alabama. Stehende und langsam fließende Gewässer aller Art.

Aussehen: Ihr Carapax ist flach, langgestreckt und am Hinterrand leicht gekerbt. Jungtiere haben noch einen Mittelkiel. Die Grundfarbe ist gewöhnlich grünlich bis bräunlich. Darauf findet man gelbliche, rötliche oder rotbraune Linienmuster und Augenflecken. Der Bauchpanzer ist gelblich. Darauf befindet sich ein Muster aus dunklen Flecken, bzw. sie bilden eine symmetrische Figur. Charakteristisch ist der kräftig orange bis rote Schläfenflecken. Männchen bleiben gewöhnlich kleiner und haben verlängerte Vorderkrallen. Außerdem erkennt man sie an der dickeren Schwanzwurzel und dem längeren Schwanz.

Pflege/Vermehrung: Eine der häufigsten Schmuckschildkröten, wird jedoch kaum noch gehandelt. Auch diese Schmuckschildkröten sind Allesfresser, mit Bevorzugung animalischer Kost. Man kann sie gut in Gruppen (1 Männchen, 2–3 Weibchen) halten. Eine Überwinterung von etwa 8–10 Wochen bei 4–8 °C hat sich als positiv erwiesen, da sie nach dem Ansteigen der Temperaturen in Fortpflanzungsstimmung geraten! Die Weibchen können zwischen 1–22 Eier legen. Bei Temperaturen von 28–30 °C und hoher Luftfeuchtigkeit schlüpfen Jungtiere nach 60–90 Tagen. Bei schwankenden Temperaturen zwischen 29,5 bis 31 °C schlüpfen Jungtiere nach 62 bis 68 Tagen.

21–29 cm | Typ D-E/G SCL x 6/ WH SCB x 4–5 | L 24–28 °C/ WS 35 °C/W 22–25 °C | warme Sommermonate

Trachemys scripta scripta (Schoepff, 1792)

Gelbwangen-Schmuckschildkröte

Verbreitung und Lebensraum: USA: Küstenebene von Virginia bis zum nördlichen Florida. Langsam fließende und stehende Gewässer aller Art

Aussehen: Typische Form einer amerikanischen Schmuckschildkröte. Der Carapax ist relativ hoch und dunkel und besitzt auf jedem Rippenschild deutliche gelbe Querbalken. Das Plastron ist einfarbig hell. Der Schläfenfleck ist – wie die Bezeichnung bereits andeutet – gelb und abwärts zeigend. Männchen haben einen dickeren Schwanz und längere Vorderkrallen.

Pflege/Vermehrung: Obwohl auch hin und wieder an Pflanzenteilen geknabbert wird, wird doch deutlich animalische Kost bevorzugt. Man kann sie sehr leicht auch an Futtersticks für Goldfische gewöhnen, sollte ihnen aber dennoch abwechslungsreiche Kost bieten. Man hält diese Schmuckschildkröten in Gruppen (1 Männchen, 2–3 Weibchen oder 2 Männchen, 4–6 Weibchen) und in den Sommermonaten am besten in einer Freilandanlage. Die Männchen schwimmen bei der Balz vor dem Weibchen, strecken die langen Krallen seitlich an ihren Kopf und zittern damit. Später kommt es zur Paarung. Die Weibchen legen meist 5–9 Eier. Bei einer konstanten Temperatur von 28 °C schlüpfen Jungtiere nach etwa 60- 65 Tagen. Bei Temperaturen zwischen 21–27 °C schlüpfen männliche, bei 29–32 °C weibliche Nachkommen. Da Männchen oft in der Überzahl sind, sollte man möglichst Weibchen erbrüten. Gelbwangen-Schmuckschildkröten werden am häufigsten im Zoohandel angeboten.

21–28 cm | Typ D-E/G SCL x 6/ WH SCB x 4–5 | L 24–28 °C/ WS 35 °C/W 22–25 °C | nein

Trachemys stejnegeri vicina (Barbour & Carr, 1940)

Dominikanische Schmuckschildkröte

Verbreitung und Lebensraum: Insel Hispaniola (Dominikanische Republik). Ruhige Gewässer aller Art mit zum Teil dichter Vegetation.

Aussehen: Typische Form einer amerikanischen Schmuckschildkröte. Ihr Carapax ist länglich und mittelmäßig gewölbt. Die Weichteile sind grauoliv. Ihre Schnauze ist etwas länglich und leicht zugespitzt. Das Plastron besitzt ein dem Saum folgendes Muster und auf jedem Schild können auch Ozellen sein. Männchen erkennt man am dickeren Schwanz.

Pflege/Vermehrung: Obwohl sie Allesfresser sind, bevorzugen sie eindeutig animalische Kost. Man kann sie in Gruppen (1 Männchen, 2–3 Weibchen) oder auch in größeren Gruppen halten. Zur Vermehrung ist es jedoch sinnvoll, Männchen einige Zeit von den Weibchen getrennt zu halten. Setzt man sie dann zusammen, kommt es oft zu Paarungen. Zuvor balzen die Männchen, wobei sie mit den sehr langen Vorderkrallen die Wangen der Weibchen streicheln. Die Weibchen legen meist zwischen 3–10, maximal 14 Eier pro Gelege. Innerhalb einer Saison kann es aber bis zu drei Gelege absetzen. Bei Temperaturen zwischen 28–30 °C und hoher Luftfeuchtigkeit schlüpfen die Jungtiere nach 57–79 Tagen. Den Schlupf kann man durch das Erhöhen der relativen Luftfeuchtigkeit auslösen. Jungtiere zieht man am besten in Gruppen auf und muss sie sehr abwechslungsreich füttern, damit sie nicht auf eine Futtersorte geprägt werden. Besonders gerne werden Regenwürmer und Kleinkrebse gefressen.

20–27 cm | Typ E/G SCL x 6/ WH flache Schale | L 24–28 °C/ WS 35 °C/W 22–25 °C | nein

Trachemys terrapen LACÉPÈDE, 1788

Jamaika-Schmuckschildkröte

Verbreitung und Lebensraum: Jamaika (sollen auch auf den Bahamas: Cat Island, auf Eleuthera und im Süden von Andros sowie Paradise Island vorkommen). Leben in Sümpfen und kleineren Wasserlöchern mit zum Teil dichter Vegetation.
Aussehen: Carapax meist einfarbig dunkelgrau bis beige olivfarben, Hinterrand gesägt. Mittelkiel bleibt lange erhalten. Die Rückenschilde sind ziemlich rau und besitzen zahlreiche von innen nach außen strahlende Unebenheiten. Schlüpflinge haben auf jedem Rippen- und Randschild einen gelben Streifen. Der Bauchpanzer ist gelb bis cremefarben und zeichnungslos. An den Schildnähten sind manchmal dunkle Flecken. Der Kopf ist grau bis grünlich, die hellen Streifen nur wenig deutlich. Über das Kinn verteilen sich mehrere weiße bis cremefarbene Streifen. Ein breiterer Streifen zieht von den Nasenlöchern über den Oberkiefer. Männchen haben eine dickere Schwanzwurzel.
Pflege/Vermehrung: Zur ihrer Nahrung gehört in erster Linie animalische Kost, selten auch schon einmal pflanzliches. Man kann diese Schildkröten zwar in Gruppen halten, sollte die Männchen jedoch einzeln halten und nur zur Paarung zu den Weibchen setzen. Diese wenig attraktiven „Schmuckschildkröten“ werden nicht sehr häufig in Menschenobhut gehalten und deshalb weiß man auch nur wenig über ihre Vermehrung. Von einem Weibchen ist bekannt, dass es vier Eier gelegt hatte, aus denen bei einer Bruttemperatur von 26 °C nach 91 Tagen Jungtiere schlüpften.

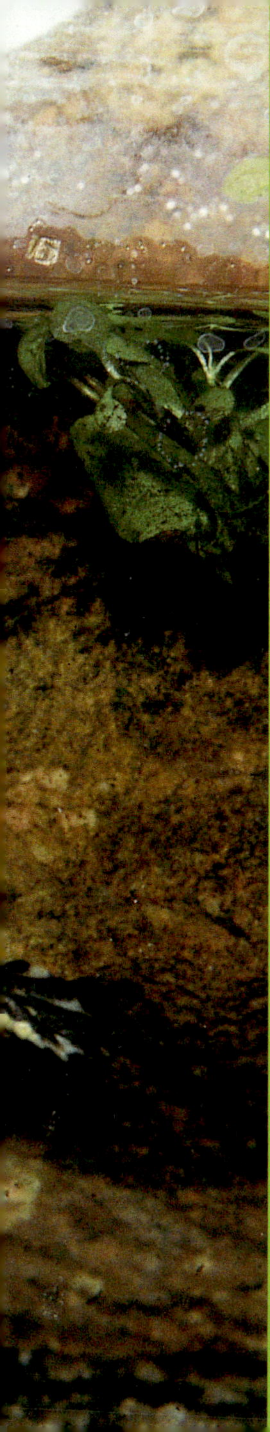

Serviceseiten

Literatur

Becker, H. Bonin, F., B. Devaux & A. Dupré (2007) : Enzyklopädie der Schildkröten. Frankfurt.

Bundesministerium für Ernährung, Landwirtschaft und Forsten (1997): Gutachten über Mindestanforderungen an die Haltung von Reptilien. Referat Tierschutz, Bonn.

Das, I. (1991): Colour Guide to the Turtles and Tortoises of the Indian Subcontinent. Portishead, Avon.

Ernst, C. H., & R. Barbour (1989): Turtles of the World. Smithsonian Inst. Press.

Fritz, U. (2003): Die Europäische Sumpfschildkröte (Emys orbicularis). Suppl. D. Zeitschr. Feldherpetol. 1.

Kölle, P. (2002): Reptilienkrankheiten. Stuttgart.

Nöllert, A. (1992): Schildkröten. 2. Aufl. Hannover.

Obst, F. J. (1985): Schmuckschildkröten. Wittenberg.

Obst, F. J., K. Richter & U. Jacob (1984): Lexikon der Terraristik und Herpetologie. Hannover.

Rogner, H. (2001): Landschildkröten. Stuttgart.

Rogner, M. (1995): Schildkröten 1. Hürtgenwald.

Rogner, M. (1996): Schildkröten 2. Hürtgenwald.

Rogner, M. (2003): Wasserschildkröten. Stuttgart.

Rogner, M. (2007): Breitrandschildkröten. Münster.

Rogner, M. (2008): Die europäischen Sumpfschildkröten. Schildkröten-Bibliothek, Nr. 4. Frankfurt.

Rogner, M. (2008): Schildkröten. Stuttgart.

Rudloff, H.-W. (1990): Vermehrung von Terrarientieren – Schildkröten. Leipzig, Jena, Berlin.

Schilde, M. (2001): Schlammschildkröten. Münster.

Ullrich, W. (1998): Sumpf- und Wasserschildkröten. Niedernhausen.

Vetter, H. (2002): Terralog: Schildkröten der Welt Band 1, Afrika, Europa und Westasien. Frankfurt/M.

Vetter, H. (2004): Terralog: Schildkröten der Welt Band 2, Nordamerika. Frankfurt/M.

Vetter, H. (2005): Terralog: Schildkröten der Welt Band 3, Mittel- und Südamerika. Frankfurt/M.

Vetter, H., & P. P. Van Dijk (2006): Terralog: Schildkröten der Welt, Band 4, Ost- und Südasien. Frankfurt/M.

Vereinigungen

Um Mitglied in der Schildkröten-Arbeitsgemeinschaft werden zu können, muss man auch Mitglied in der DGHT sein. Dabei handelt es sich um die:

Deutsche Gesellschaft für Herpetologie und Terrarienkunde e. V.,
Postfach 1421,
D-53351 Rheinbach,
Tel. 02225-7033-33, Fax -38;
www.dght.de, E-Mail gs@dght.de.

Schildkrötenfreunde Österreichs,
Maria Ponsee 32, A-3454 Sitzenberg-Reidling.

Schildkröten-Interessengemeinschaft Schweiz (SIGS).
Urs Jost, Dörfli 7, CH-6212 St. Erhard, ursh.jost@bluewin.ch, www.sigs.ch,
E-Mail: sigs@sigs.ch.

Internationale Schildkröten-Vereinigung,
Gerhard Schaffer Kirchplatz 6,
A-3562 Stiefern.

Tierärzte, Untersuchungsstellen

Bei der DGHT wird eine Liste geführt, auf der die Tierärzte aufgeführt sind, die sich mit Reptilien beschäftigen:
http://dght.de/amphrep/tiergesundheit/tieraerzte.htm

Von diesen Tierärzten können Kotproben untersucht werden und Sektionen und andere Untersuchungen vorgenommen werden. Oft bedienen sie sich zur sicheren Diagnose auch der Dienste veterinärmedizinischer Untersuchungsstellen, die es in vielen Städten gibt. Einige dieser Einrichtungen sind überregional bekannt:
Exomed, Am Tierpark 64, D-10319 Berlin.
GEVO-Diagnostik, Jakobstr. 65, D-70794 Filderstadt.
Justus-von-Liebig-Universität Gießen, Institut für Geflügelkrankheiten, Frankfurter Str. 87, D-35392 Gießen.
Staatliches Veterinäruntersuchungsamt, Dr. Silvia Blahak, Westernfeldstr. 1, D-32758 Detmold.
Universität München, Institut für Zoologie, Fischereibiologie und Fischkrankheiten der tierärztlichen Fakultät, Kaulbachstr. 37, D-80539 München.

Internet-Adressen

Im Internet gibt es zahlreiche Seiten, die sich mit Schildkröten beschäftigen. Darunter sind auch ganz spezielle Seiten über einzelnen Arten und Unterarten. Einige Adressen führen auch wieder zu weiteren Adressen. Bitte beachten Sie jedoch, dass weder der Autor noch der Verlag Eugen Ulmer für den Inhalt der genannten Internet-Seiten verantwortlich sind. Hier einige Beispiele:

www.clemmys.de
www.bauri.de
www.carbonaria.ch
www.embl-heidelberg.de/~uetz/LivingReptiles.html
www.emys.geo.orst.edu
www.flmnh.ufl.edu/natsci/herpetology/turtcroclist
www.kundert.ch/schildkroete/merkblaetter.htm
www.radiata.de
www.schildkroeten.com
www.schildkroetenforum.de
www.schildkroetenlexikon.de
www.tortoise.org/
www.udena.ch/wilf

Register Deutsche Namen

Bildquellen

Sämtliche Fotos im Innenteil stammen vom Autor.

Titelfoto: Großes Foto: Bildagentur Waldhäusl/ArcoImages
kleines Foto: Bildagentur Waldhäusl/Steiner, C./ArcoImages

Haftungsausschluss Die in diesem Buch enthaltenen Empfehlungen und Angaben sind vom Autor mit größter Sorgfalt zusammengestellt und geprüft worden. Eine Garantie für die Richtigkeit der Angaben kann aber nicht gegeben werden. Autor und Verlag übernehmen keinerlei Haftung für Schäden und Unfälle.

Bibliografische Information der Deutschen Nationalbibliothek
Die Deutsche Nationalbibliothek verzeichnet diese Publikation in der Deutschen Nationalbibliografie; detaillierte bibliografische Daten sind im Internet über http://dnb.d-nb.de abrufbar.

Wollgrasweg 41, 70599 Stuttgart (Hohenheim)
E-Mail: info@ulmer.de
Internet: www.ulmer.de
Lektorat: Dr. Eva-Maria Götz
Herstellung: Thomas Eisele
Umschlagentwurf: Atelier Reichert, Stuttgart
Satz: pagina GmbH, Tübingen
Druck und Bindung: Firmengruppe APPL, aprinta druck, Wemding
Printed in Germany

ISBN 978-3-8001-5866-9